U0258283

NUMÉRO SPÉCIAL
DES COLLECTIONS D'HIVER
OCTOBRE 1950
REVUE MENSUELLE · IMPRIMÉE EN FRANCE
PRIX : 500 FRS

雷吉娜·德布里兹（外祖母），*Vogue* 法国版 1950 年 10 月刊封面模特。
这也是摄影师艾文·佩恩首次为 *Vogue* 法国版拍摄封面大片。

Vogue 法国版 1950 年 9 月刊

模特：雷吉娜·德布里兹

服装：巴黎世家

摄影：艾文·佩恩

Vogue 法国版 1950 年 9 月刊

模特：雷吉娜·德布里兹

服装：迪奥

摄影：艾文·佩恩

洛琳·博洛雷（母亲），出席迪奥"毒药"香水主题发布会。

Ageless Beauty

the French Way

气　质　之　美

Clémence von Mueffling

[法] 克莱姆斯·冯·穆弗林 ——— 著　张驰 ——— 译

中信出版集团 | 北京

图书在版编目（CIP）数据

气质之美 / (法) 克莱姆斯·冯·穆弗林著；张驰
译 . -- 北京：中信出版社，2020.3（2022.1重印）
书名原文：Ageless Beauty the French Way
ISBN 978-7-5217-1212-4

Ⅰ.①气… Ⅱ.①克…②张… Ⅲ.①女性—美容—
基本知识 Ⅳ.① TS974.13

中国版本图书馆 CIP 数据核字 (2019) 第 247779 号

Ageless Beauty the French Way: Secrets from Three Generations of French Beauty Editors
by Clémence von Mueffling
Copyright © 2018 by Clémence von Mueffling
Simplified Chinese translation copyright © 2020 by CITIC Press Corporation
ALL RIGHTS RESERVED

本书仅限中国大陆地区发行销售

气质之美

著　者：[法]克莱姆斯·冯·穆弗林
译　者：张　驰
出版发行：中信出版集团股份有限公司
　　　　　（北京市朝阳区惠新东街甲4号富盛大厦2座　邮编　100029）
承 印 者：河北鹏润印刷有限公司

开　本：880mm×1230mm　1/32　　印　张：9　　字　数：173千字
版　次：2020年3月第1版　　　　　印　次：2022年1月第3次印刷
京权图字：01-2019-7299
书　号：ISBN 978-7-5217-1212-4
定　价：58.00元

献给我一生的挚爱：威廉、阿奈和卢卡斯。

Contents

目
录

Introduction

前

言

3.

"美具有一种纯粹的魔力，可改变万物存在的本质。"

——让·多梅松 《迷途明灯》

我总戏称自己是从化妆品罐子里生出来的。

我的母亲和外祖母都曾担任过法国版 *Vogue* 杂志的美容编辑，她们经常用自己独特的法国方式教导我：美容护肤是一种态度，是女性自我呵护的一种方式。她们不仅是强大的杰出女性楷模，更将毕生心血倾注于发掘行之有效的美容护肤方法，适用于各年龄层，并将这些美丽秘籍毫无保留地与广大读者分享。

那时我总是心心念念地掐着日子盼望圣诞节的到来，因为每到圣诞期间，我母亲便会络绎不绝地收到一箱箱华丽精美的礼盒，都是全球最负盛名的各大美容护肤品牌寄来的。这些品牌用尽巧思，力求在创意上超越自家的竞争对手，并同时博得杂志美容编辑的垂青。欧莱雅的"魔法盒"将永远深深镌刻在我的记忆中：他们每年送来的圣诞礼物总是像一个巨大的礼帽盒，里面塞满了琳琅满目的美妆护肤产品，比如新款香水、面霜以及彩妆用品等。姐姐和我总是欣喜若狂地掀开那个神奇的

"魔法盒"盖子，还经常为谁先试用某款新品争执不下。

我心中美如天堂的愿望便是能与母亲一道去她 *Vogue* 编辑部的办公室，坐在小沙发上欣赏美容护肤样品架上的各种瓶瓶罐罐，试用最新款的口红色号，甚至办公室里自信满满的编辑们紧张忙碌的身影也能吸引我好奇的目光。

母亲和外祖母曾对我讲过这样的金句："美容要趁早。"时至今日，母亲当年如何手把手教我睡前彻底清洁脸部肌肤的情景仍历历在目（那时我年仅 13 岁）。

同年夏天，为了提升我的英语水平，我被送去美国参加一个夏令营。临行前，母亲小心翼翼地往我新买的旅行箱里一一装上雅诗兰黛的雅诗香水、一款丽蕾克除妊娠纹霜，以及一款以刺鼻气味著称的娇韵诗身体保湿润肤露。我还清楚地记得当我的室友们看见我往大腿上涂擦丽蕾克乳霜时那惊掉下巴的模样。而当我在沐浴之后涂抹娇韵诗身体乳时，她们的神情便迅速由先前的讶异变作惶恐。尽管这些女孩子们与我年龄相仿，但她们心中似乎还没有一丁点儿美容护肤的意识。她们一面认为我疯了，一面又忍不住喜滋滋地跟我学习各种美容护肤的知识与方法。

1969 年，我的母亲洛兰·博洛雷为美国版 *Vogue* 杂志高级定制时装系列的大片拍摄担任摄影助理，从此开启了她的职业生涯。与外祖母一样，母亲在苏珊·特雷恩的督导下接受了严格的专业训练。当时苏珊·特雷恩仍是 *Vogue* 杂志驻巴黎站记者，此职位后来由戴安娜·弗里兰担任。1969 年，在为罗马化妆品牌 Eve 工作两年之后，她重回法国 *Vogue* 担任助理美容编辑，时任主编一职的是活力充沛、干劲十足的罗伯特·卡耶。1979 年，她成功地坐上了法国版 *Vogue* 杂志美容主编的位子。

20 世纪 90 年代初，母亲在自己职业生涯的巅峰时期离开了法国，那时的她已经赢得了两届大名鼎鼎的"茉莉花大奖"。"茉莉花大奖"每年颁发给在法国工作的最杰出的香氛类美容编辑以示嘉奖。

我的外祖母雷吉娜·德布里兹不仅要求自己的女儿拥有完美出众的外形，更将这份希望寄托在外孙女的身上。她会对我和姐姐说："跟你们约好一起晚餐，别忘了刷上芮谜睫毛膏。"我们明白她的意思：带妆上阵。哪怕只是在周日聚餐这样轻松悠闲的场合也不得马虎，不刷睫毛膏就上餐桌简直无法想象——甚至可以说"难以忍受"。

1947 年，年仅 17 岁的雷吉娜开启了自己的模特生涯。她的第一次大片拍摄便是与阿里克·尼波合作，为法国版 *Vogue* 杂志拍照。三年后，她出现在著名摄影师艾文·佩恩的镜头前。1950 年 10 月，她终于荣登 *Vogue* 杂志封面，这也是艾文·佩恩的法国版 *Vogue* 封面处女作！此外，她还与亨利·克拉克携手为 *Vogue* 杂志 1951 年 7 月刊拍摄封面。1957 年巴塞罗那国际博览会期间，在苏珊·特雷恩的提携下，她开启了与美国版 *Vogue* 杂志合作的职业生涯。之后她加入法国版 *Vogue* 杂志在巴黎的工作团队，一干就是好些年。回首那些蒙尘的旧时光，

法国版 *Vogue* 杂志的女性员工除了完成编辑的本职工作，还要同时兼任杂志的形象大使；时至今日，通过被早年的时尚杂志主编们誉为"时髦"的某种复古风格，或许你能在脑海中勾勒复原当年 *Vogue* 杂志上的经典女性形象——她们身着完美的长筒丝袜，脚踩"恨天高"，举止落落大方，姿态端庄优雅，浑身散发着迷人的女性气息。

护肤与美容是母亲和外祖母人生中最浓墨重彩的篇章，在她们的耳濡目染之下，我也决意成为家族中第三代从事美容护肤行业的女性。就在我搬去纽约居住以后，我开始意识到，原来法国女性所习以为常的关于美与健康的内在联系，在美国加州竟然看不到，我便很想弥补这样的差距。由于受这一认识的启发和感召，2014 年我着手创办了一本网络在线刊物——《美容与健康》（*Beauty and Well Being*，简称 BWB），旨在通过我的努力，帮助世界各地的女性在生活中取得健康与美的均衡。美容护肤远远不只是在脸上涂抹昂贵的面霜，对此我有切身体会：如果睡眠质量差，便难以明艳动人；如果饮食结构不健康，就无法容光焕发；若不能享受生活的每一刻——法国人称之为"快乐生活"——不快之情便会在脸上显露，一览无余。美容与健康的核心理念在于自我认知与自我接受，充分把握利用目前拥有的东西，并为自己在日常生活中所取得的哪怕一点点进步与提升而感到开心。毕竟，想要一时半会儿实现颠覆性的转变是很艰难的。这也是我时常提醒读者的肺腑之言。

在 BWB 成立之初，我带领一个由 20 位作者组成的全球团队。他们个个都是各自所属领域的专家，出于对美容、护肤、健康以及幸福的满腔热情汇聚在一起。我们的在线杂志内容包罗万象，从美妆潮流趋势到美容护肤明星产品推荐、营养健身小贴士、健康食谱分享、各类深度专访专栏以及美容健康领域的专业人士介绍等。最重要的一点是，BWB 始终重视为读者提供长期、全面的美容解决方案，我们所提供的方案建议都建立在已获得可靠证明且行之有效的专业研究成果之上。

在一个以年轻人为主要受众的互联网社区，BWB 大胆选择面向 20 ～ 60 岁甚至更熟龄的女性受众群体开放，堪称出版界一位勇敢自豪的先驱。我们坚信，追求美丽、健康与幸福的平衡是超越年龄限制与阻碍的。我希望借这本书进一步扩展对 BWB 的定义，并与广大读者分享法国三代美容护肤专业人士对于美的毕生心得。

能以一个过来人的身份为跨年龄段的读者群体提供关于美容护肤的专业建议，通过几代法国人累积的美容经验与秘诀，帮助每一位女性在未来人生中各年龄阶段都保持最佳状态，我感到与有荣焉。

在本书中，你们或许能得以窥见自己在经历过几个世代更迭之后的模样是否如期待中一样。备感庆幸的是，当我注视着母亲与外祖母的面容，我便知道了未来会有什么在前方等待着我。我很感激她们在此时此刻仍然给予我指引。

此外，我曾接受过的记者职业训练令我能像天线一般敏锐地捕捉全球顶尖美容专家追捧的信息。在本书中，我将分享关于肌肤保养及秀发护理最新鲜出炉且卓有成效的产品资讯。我还将向广大读者展示法国女性是如何运用这些信息，去享受一种更明智的生活方式（以及面对偶尔可能遭遇的欺骗），从而令自己始终保持最佳状态。相信你们很快便会发现，法式美容护肤所倡导的态度与理念是：数年如一日坚持追求哪怕一丝一毫的细微改善，同时尽最大努力防患于未然，避免状况出现。用心呵护自己，精心挑选美容保养的千金良方为我所用，将会带来肉眼可见的显著成效，无论在当下，还是未来的人生旅程。

"我们终将见证一代又一代人保持年轻、活力充沛的人生状态，生活得更健康、更幸福。"巴黎欧莱雅研发与创新中心全球消费者及市场总监奥迪勒·莫亨如是说道。

《气质之美》将令你感受到美容护肤与健康生活方式对于女性的重要意义不分年龄长幼。我的外祖母便是最好的例证。去年夏天，由于她的膝盖部位出现疼痛，夜里总要贴上止痛膏药。几天之后，她意外地发现自己膝盖周围的皮肤变得更加细腻柔嫩，并且皱纹也大大减淡。于是，她大胆地决定要在自己脸上试验一番。她将一贴膏药剪成几片，小心翼翼地将其分别贴在脸颊与前额等部位。当她返回药房，并且不无自豪地向药剂师讲述自己在做什么时，药剂师听得下巴都快惊掉了。她随后进一步暗示说，或许是由于这剂膏药贴里的某些药物成分发挥了功效。不过，我认为外祖母最好还是老老实实把膏药贴在膝盖上。但你不得不佩服她的挑战精神，她总是勇于尝试一些新鲜事物，这样的习惯不仅让她显得优雅美丽，而且无形中培养出一种非常年轻的心态。《气质之美》便是为满足全天下所有年龄阶段的女性读者美容需求应运而生的。

在本书中，你将发掘法国美容专家护肤秘籍之精髓，以及他们的客户群体，其中不乏法国明星艺人、时尚名模以及活跃于上流社会的杰出女性等。此外，也能了解认识法国著名的美容师、皮肤科医生、整形外科专家、彩妆师、美发造型师以及美甲师等专业人士。他们或精通传统技艺，或紧跟时代浪潮，各有所长，不一而足。本书还收录了时下最前沿的美容信息资讯与大量专业美容护肤知识，各种专家建议不仅简单实用，且颇具法式情调，堪称一座巨型美容宝藏。

本书第一部分"法国三代美容编辑奉行的美容法则"，概述了我外祖母、母亲以及我本人如何在独特的法国式审美观熏陶下成长。在第二部分"面部肌肤保养：玉面含春"，我将教会你们一些卓有成效的皮肤保养方法，尤其是皮肤的日常清洁，以及在家便能完成且行之有效的抗衰老保养秘籍——这一过程无须美容医生的干预或帮助。此外，由于受母亲和外祖母年龄的启发，本书这部分内容将按照三个不同的年龄阶段进行细分讲解，它们分别是：20 ~ 35 岁阶段（轻熟期），35 ~ 55 岁阶段（绽放期），55 岁及以上阶段（优雅期）。

对于目前年龄处于 20 来岁的女性而言，她们的肌肤保养需求在短短几年之后便会发生变化。因此，此前惯常使用的美容方法便需要进行相应的调整。尽管如今的女性消费者大多心明眼亮，深谙美容护肤产品广告中暗藏的修图玄机，但面对五花八门的护肤品类选择，她们依然显得有些手足无措。针对此种情形，我母亲和外祖母根据她们几十年的美容护肤经验提供了相应的专业意见，其间穿插讲述了她们与某些极具魅力的人物的共同经历，这样的私人记忆尤为珍贵。此外，她们还针对不同年龄阶段女性护肤需求给出了相应的护肤品推荐及实用的保养方法。

一些具体的美容护肤产品及品牌推荐将贯穿全书，这些产品与品牌在总体上能反映我与家人以及部分受访专家的个人选择与偏好。当然，其中大部分是基于法式美容护肤的选择。作为时尚美容编辑，在过往多年的职业生涯中，我们取样试用测评过数以千计的美容护肤产品，其中包括许多在本书中提及的"美容经典"。我们对这些产品的出色功效深有体会，并且它们也从未辜负我们的期望。让我深感抱歉的是，在本书中无法一一列举更多令人惊艳的美容产品，因为可供选择的美妙产品实在不胜枚举——但请保持头脑清醒。相信你们一定能找到满足自身美容需求的心头好。

第三部分"身体肌肤保养：冰肌胜雪"遵循了与第二部分相同的格式，三代美容编辑将在此分享各自的身体肌肤护理经验。在第四部分"秀发养护：青丝云鬓"中，你们将学会如何打理自己的头发。几位享誉全球的法国美发造型师将为大家带来他们最新的秀发护理保养知识。相信你们也能因此获益，拥有一头美丽的秀发。

在第五部分"美好生活习惯"中，我将与相关专家一道分享各自在饮食、运动以及睡眠习惯改善方面的心得——当然，所有这一切都有助于改善肌肤的内在健康状态与外在观感。

书中最后谈到的，也是非常重要的一点，便是法国人对香水的热爱。

我真诚地希望你们会喜爱这本书，就像我对自己曾采访过的诸多著名法国美容大师的喜爱一样。我很荣幸能与大家分享这些宝贵的专业人士美容护肤秘籍，也希望你们能将本书作为伴随自己一生的美容宝典——无论你芳龄 25 还是年逾古稀，因为能如本书一样同时满足各年龄段女性美容需求的指南丛书真可谓凤毛麟角。如果你能为肌肤打下良好的基础，今朝付出的一切努力将对你未来的一生都大有裨益。我曾无比惊叹于母亲的容光焕发与外祖母的童颜鹤发，并且深信这样的美仍将持续下去，因为美容养生已经成为她们人生中不可或缺的重要组成部分。日常生活中，她们会尽可能避免日光对肌肤带来的伤害，在经济承受范围之内使用最高品质的护肤品，时常进行面部按摩，并且一有机会便常去美容院进行专业肌肤护理。

外祖母总喜欢将一句话挂在嘴边："活到老，学到老——美到老！"就像外祖母曾为我所做的一样，如今我家里也有一个秘密小抽屉，里面藏满了我送给女儿的一些我最喜欢的彩妆护肤品，有香水样品、漂亮的润唇膏以及全新的彩妆刷等。对女儿而言，这便是她的快乐宝藏。就在我带着女儿享受化妆的快乐时光时，她也兴冲冲地抓起一支粉刷，模仿起我对镜贴花黄的样子来。

愿大家度过一段愉快的阅读时光！

第一部分

法国三代美容编辑

奉行的美容法则

第一章

跨越年龄藩篱的
法式美容艺术

"美，始于你决意做自己的那一刻。"

——可可·香奈儿

我和弟弟姐姐都在巴黎长大，过着一种非常传统的生活。那时父母都为了生计奔忙于工作，我们很幸运能得到祖父母和外祖父母的关爱照拂，这对我们的成长有着很大的影响。那时外祖母雷吉娜经常来接我们放学，每次她在学校等我的场景都留给我许多难以磨灭的美好记忆。有时，她会身着一件优雅的开司米高领针织衫，一侧总别着一枚精美的胸针。到了夏天，她又会穿上款式别致的衬衫，再搭配一对与衣服颜色协调一致的夹式耳环。她从来不会不擦口红就出门，并且还总爱在我的脸颊上留下甜美的口红印。外祖母的车里有一股她最钟爱的香水味道，她喜欢尽情喷洒，让自己沉浸于馥郁芬芳的世界中。放学后，她会开车载我们去她家，并经常在中途停下来光顾一些诸如 Carette 等的著名高级糕点店，买上一块布里欧修面包，或者她最喜爱的巧克力奶油泡芙。那时候，能获准参观母亲在法国版 *Vogue* 杂志的办公室对我而言是最快乐的事。对一个痴迷于美容产品及香水的小女孩来说，这种感觉简直就像乘着魔毯进入充满奇迹的山洞，去展开一场华丽的冒险。

从前，我和姐姐总爱坐在一旁看妈妈为了晚上的社交应酬活动梳妆打扮。她头发上缠满了美发卷，动作娴熟地在脸上描眉画眼，宛如一位化妆大师，这一点是我从来都望尘莫及的。穿衣打扮妥当之后，她会在自己众多的香水收藏品中精挑细选出最符合自己当下心境和情绪的那一款香氛来使用。多么深刻的一课啊——相信自己的直觉，忠于当下的感受，并且始终乐于尝试。她身上闻起来总是很香。

随着青春期的到来，我的皮肤开始出现青春痘等状况，急需获得皮肤科医生的帮助。母亲便领着我去家附近的药妆店听一些关于痤疮防治以及如何适当清洁皮肤的小讲座。我还会把所有的零花钱都存起来去购买雅昵斯比品牌推出的 Embellisseur Abricot 遮瑕粉底液。当时这款粉底液是通过一本名为《美容圣手俱乐部》的产品目录进行销售的，在这本产品目录销售的众多彩妆与护肤品中，有一条产品线专门针对皮肤容易出现痘痘等瑕疵问题的青少年群体。我和朋友们都盼望着这款化妆品能令我们看起来跟当时刚跻身法国名模圈的利蒂希亚·卡斯塔一样美。后来，著名护肤品牌美体小铺在巴黎开店了，这令我们兴奋不已。该品牌产品不但价格实惠，而且每一款产品的味道都很好闻。店铺的室内装潢设计也独出心裁，坐在里面感觉相当酷。对我们这些法国女孩儿来说，简直就像到了英国！

我对 *Jeune et Jolie* 杂志也有许多美好的回忆，"Jeune et Jolie"意为"青春与美丽"。对于法国的青少年而言，它就像是 *Seventeen* 和 *Cosmopolitan* 两本杂志的综合体。我 15 岁那年，用零花钱订阅了这本杂志，开出生平第一张银行支票那一刻的感觉让人无比自豪。每个月新刊一到，我便如饥似渴地翻阅起来，尤其是美容版，直到有一天东窗事发。那天父亲比我早一步去信箱里取邮件，发现最新一期杂志也在里面，最倒霉的便是那一期封面上赫然印着大大一行刺眼的标题："男朋友在床上表现不行怎么办？"……尽管我一再恳求父亲手下留情，但他最终还是查禁了这本杂志。自此以后，每个月我都只能偷偷跑去朋友家翻看新刊！

在法国长大的我学到了些什么美容秘籍？

法式美容观念的核心

"巴黎女性……无论芳龄几何，都渴望内外兼修，尽一切可能做最美好的自己。"

——安妮·贝雷斯特、奥黛丽·迪万、卡罗琳·德·麦格雷特、索菲·马斯 《无论身处何方，如何做个巴黎人》

"美"与"完美"无关

谈到美，法国女性通常给人一种自由随性与不吝付出的感觉。是的，我们热爱这份看似轻描淡写却光彩四射的美，更深知这美丽背后所承载的时间与精力的付出。一方面，我们可以花上好几个钟头搜寻一支色彩最理想的口红，只为将双唇修饰点缀得更优雅迷人。而另一方面，我们也可能只是草草地梳几下头便出门去，绝对算不上"完美"！正如我姐姐曾跟我解释的那样：男人看女人，不完美往往也有其独特的迷人之处，至于完美的东西，则更是无须赘饰。

尽管法国女性信奉健康肌肤便是美的理念，但这并不意味着对肌肤瑕疵视而不见、放任自流。我与身居巴黎及纽约的一些朋友都注意到，巴黎女人有健康的美容习惯，但她们不会为了追求完美无瑕的效果而放弃一切。事实上，对于她们中大部分人而言，如果拥有完美的肌肤要以牺牲早餐中的奶酪或羊角面包为代价，或者无法再尽情享受阳光明媚的海滩休闲时光，那她们宁可满足于当下恰到好处的皮肤状态。并非所有人都会为了苛求"完美"而走极端，况且最后的结果也不会尽如人意。

出生于法国，现居美国纽约的面部美容护理专家伊莎贝尔·贝利表示："我的法国客户更信赖简单的护肤方法，她们非常自律，喜欢手动进行面部肌肤按摩，通常情况下都不会对自己的皮肤采取相对激进的美容方法。无论年龄几何，她们身上总是那么风韵十足。比起对于衰老的焦虑和恐惧，她们更关心的是如何令自己优雅地变老。较之皱纹的深浅与否或数量多少等问题，她们更注重自己的皮肤是否能维持健康状况。补水充足的皮肤如蜜似露，在光线的照射下熠熠生辉，触感细滑如丝。所以，皮肤质量至关重要，因为我们更偏爱裸肌的视觉感受与简单的妆容效果——想象一下：一抹经典的红唇，浓密的睫毛膏，再配上嫣然一笑，齐活儿！"

我们喜爱我们的美容护肤品牌，在当地的护肤品商店可以买到各种想要的化妆品

法国女性之所以对护肤了如指掌、如数家珍，很重要的一个原因便是，我们从家附近的随便一家药妆店就能获得很好的美容护肤建议指导。这些药妆店就像咖啡馆、餐厅或街角的面包店一样随处可见，无论是小城镇还是大都会，几乎每个街区都能找到它们的身影。多年以来，法国女性基本都不会在温泉浴场购买美容护肤产品，法国的皮肤科医生也没有推出过自己个人名下的护肤产品系列。因此，药妆店的药剂师们大都受过严格的专业训练，能够针对不同的消费需求推荐不同品牌、不同预算的某款特定产品。

此外，我们还沉迷于本地的社区美容院。无论镇子多小，都能找到美容院为我们提供美容服务（脱毛、美甲、面部护理、按摩、修理睫毛等）。尽管它们只是一些小规模便利型的美容沙龙，但是我们从少女时期就开始去，和那里的美容护理专家们一起成长，就跟一家人一样。此外，如果想要同时满足美容与美食的需求，我们便会选择一家规模更大的高档美容沙龙或水疗中心。比较受我的母亲和外祖母青睐的美容中心包括传说中的柏姿、英格蜜儿、幽兰以及弗朗索瓦丝·莫里斯，此外还包括一部分美国的美容护肤沙龙，例如伊丽莎白·雅顿与赫莲娜。（两家是商业竞争对手！）

当然，我们还喜欢本地的咖啡馆，那里的侍应生会面带微笑称呼我们"小姐"而不是"夫人"，"夫人"这个词儿都要把人给叫老了！

护肤品和美容护理的作用不仅仅是为了令我们的外表看起来更明艳动人，更是为了让我们获得更美好的内心感受——它们将永远成为我们生活的一部分

在巴黎一个天气阴沉的日子里，我醒来望着窗外，意识到秋天真的已经过去了。冬季来临前的这段日子里，天空中的云老是垂得很低，一切都变得枯燥乏味。若是再淅淅沥沥地下起凉飕飕的毛毛细雨，那种感觉真的惨透了。这时只剩一件事可做：去家附近的化妆品商店买一瓶娇韵诗纤柔塑身霜。这款塑身霜具有独特的乳状质地和神奇的香味，我还清晰地记得当我将它抹在手上，按摩护理几分钟之后心中的奇妙感受。

时至今日，我依然保持着购买某些能令人"自我感觉良好"的产品的习惯，它们能在我格外需要的时刻派上用场。我认为这也是法国人如此致力于美容护肤事业的原因之一。与牙齿保健、健身游泳等一样，我们为美容护肤也设立了专门的消费预算。

这是我们日常生活的组成部分。我们很清楚，它能帮助我们获得更美好的人生感受和体验。

让美容护肤成为生活的一部分并不需要耗费太多时间和金钱。例如我在下一章会谈到的皮肤双重清洁，虽然一开始可能需要花两份预算购入两种不同功效的皮肤清洁用品，但从长远来看，每一种清洁用品的消耗量在同一时间段也得到了相应减少。我的保湿润肤霜使用也采用了这样的方法。我有几款防晒指数较高的面霜供日间使用，另外还有一些更营养滋润的面霜，在需要额外补水保湿的时候以及干燥的冬季使用。我会根据天气情况和我的皮肤状态轮换交替使用面霜，这些面霜能供我使用相当长一段时间。当你使用某些具有高保湿功效或富含高浓度顶级护肤成分的产品时，面霜的实际使用量会减少。

对我而言，某些只可意会不可言传的小细节、小心思能让美容护理的成果更加出众：例如与人擦身而过一刹那的一缕暗香令人神清气爽，或者发现一支色彩完美的红色或粉色口红，让你的整张脸即显生动明快、活力四射。而最令人愉悦的当属双脚踏入一家时常光顾的美容沙龙时那种宾至如归的亲切感受。作为美容院的常客，你会拥有一位贴心迷人且技艺超群的私人美容师，她总能倾尽全力帮你获得无论是外在形象还是内心感受的最佳状态，哪怕只是简简单单的一次预约修眉。

所谓"聚沙成塔，滴水穿石"，美容护肤亦如是。

细微处见真章——法式美的秘方

我母亲和外祖母经常跟我聊起一些旧事——伊夫·圣罗兰曾说过："我们决不能将优雅与势利混为一谈。"她们的意思是，我们必须找到适合自己的东西。例如，外祖母从不使用眼线笔，因为她知道眼线笔会让她的眼角更显下垂没精神。一位著名的摄影师曾经告诫我的母亲，可以增强对眼部或唇部的化妆修饰，但"王不见王"，切忌二者同时进行。她一直采纳这个建议。没错！往往少即是多。

在我的成长过程中，我亲眼看见过这些金玉良言背后的证据。我认识一位来自南美洲国家的上了年纪的女性，她是我们社区里最优雅迷人的女人。尽管她已经年过古稀，但永远头顶完美精致的发髻，薄施散粉，淡刷睫毛，唇上一抹冷红。她修长的脖子美得令人难以置信，喜欢穿一身儿锦缎外套，行走时轻盈飘逸的姿态，可谓"翩若惊鸿，宛若游龙"。在我心里，她就像从历史课本里走出来的女王那样高贵。她朴素的优雅气质为年轻一代传递了一个伟大的信号。

另一位同样高贵优雅的女性便是设计师卡罗莱娜·埃雷拉。当初我在巴塞罗那为西班牙家族企业普伊格工作时曾与她邂逅过几次，那会儿我才二十出头的年纪，卡罗莱娜·埃雷拉给我留下了难以磨灭的印象。我记得她当时穿的是工作制服：上身一件量身定制的挺括白衬衫，领子微微向上翘起以衬托修饰脸部线条，下身一条简单的黑色修身长裤。佩戴的首饰虽简单，但非常别致抢眼，好像腕间还戴了几只金色手镯。她知道什么东西真正适合自己，正所谓"人穿衣，而非衣穿人"——这个道理我和许多朋友在当时根本无法领会。唉，终归还是太年轻！

我姐姐是另一个知道什么最适合自己的例子：一头美丽的长发如项链般披散在肩头，漂亮的眉形完美地勾勒映衬脸部线条。这是她为自己打造的优雅造型。她始终坚信一点："火候过了，事情就焦。"无论化妆、服装色彩还是配饰。

香水——法国女性的标志

法国女人喜欢香水。所谓"麻雀虽小，五脏俱全"，即便小小一间香水店，里面也分门别类摆放着琳琅满目的精选香水。店里还有为顾客提供购买建议的女性导购，她们在最后结账时总会向你的购物袋里塞一些香水小样赠品，并在你离开店铺之前提议为你喷些香水。

关于香水，我将在本书第十章做更详细的讨论。但现在我想要强调的一点是：如果一个法国女人不喷香水，她会感觉自己就像没穿衣服一样，即便这可能会陷她于某种微妙的境地。

我姐姐最近跟我提起一桩往事：她青春期那会儿常常在夜里偷偷溜出家门去跟朋友们玩，这期间还被我逮到过一次，因为我在卧室闻到了她身上飘来的香水味。等到我下床去查看时，她已经踮着脚尖蹑手蹑脚地穿过走廊溜出门了。于是我找来一张便笺，写上："我知道你晚上溜出去玩儿了！你的香水味儿出卖了你！"然后贴在她的卧室门上。我姐姐说她非常喜欢这张字条，直到现在她还收藏着。

你知道吗，我母亲可以称得上是一位香水收藏家，而我父亲也同样是位香水爱好者。我对他最早的记忆便来自他那双干净整洁的手在使用香邂格蕾香皂后散发出的美妙气味。对我而言，无论过去还是现在，他都是一个微妙的充满雄性阳刚之气的巴黎时尚缩影。

就我本人而言，当初在娇韵诗英国办事处工作的那几个月让我至今依然无比怀念。那时我即将完成在公司的培训学习，并且已经早早使用过娇韵诗公司的一些产品，也很喜欢，这都归功于我的母亲。工作期间，我又接触了解到其他一些新产品，之后便爱上了这个品牌，爱上了它所传达的理念，当然，更爱上他家面霜的美妙香味。娇韵诗公司创始人贾克·古登-娇韵诗推出过闻名遐迩的娇韵诗活肤香氛喷雾，以及"美妙感觉"香氛系列。香如其名，这是我每次喷它时的感受。

滴水穿石，贵在坚持

法国女性的美容护肤程序中最重要的一环就是——照章办事！制定一套美容时间表并严格遵守的重要性我们深有体会。就算你有万般不情愿，也必须坚持。说真的，谁愿意在一天辛苦工作之后还得花大把工夫卸粉底、卸睫毛膏，再来一次彻底的面部肌肤清洁啊？我肯定不行！但我依然有一套自己的清洁惯例，不做完绝不睡觉。这个习惯早已根深蒂固，以至于现在我都不用去想它，只是照做，不管在任何情况下。

换言之，那些光鲜亮丽惹人喜爱的外表看似不费吹灰之力，但事实上，美的背后凝结着时间与付出。

我的外祖母经常告诫我说："人越老，越需要自律。"这也是她自己的母亲教给她的——正如她所言，随着年纪的增长，床变成了你生活中最大的敌人，你会很容易感觉到疲倦，想要一直赖在舒适、温暖的被窝里。外祖母雷吉娜如今已87岁高龄，但她依然还在与之斗争，这是一场每天都要进行且没有终点的战斗。她每天起床后会出门慢走散步，她很喜欢智能手机上的计步器App（应用程序），因为它能实时反馈她每天走了多远的信息。

曾经有一段日子，外祖母老爱躺在床上，不愿出门活动。后来她想起了自己的哥哥居伊·德·埃斯特里博，之后便有了下床的动力！如今96岁高龄的居伊舅姥爷看起来仍然精神矍铄，无比帅气。他的体格又高又壮，眼睛里还闪着孩童般顽皮的光芒。最让那群比他年轻几十岁的朋友们羡慕嫉妒恨的是，居伊舅姥爷的脸、脖子和手都比他们看起来年轻许多。我们曾一起结伴旅行，当居伊舅姥爷把自己的护照递给机场工作人员时，他们都惊讶地看着他，因为护照的出生年份一栏赫然写着1922年！如今他仍然精力充沛，机智风趣，总是逗我笑。我太崇拜他了！

居伊舅姥爷住在比亚里茨，现在无论做什么事他都亲力亲为。早上 7 点准时起床，做一顿丰盛的健康早餐，然后就出门去逛市场——不带购物清单，因为他想要自己的大脑思维依然保持敏锐——去买新鲜的食材，这够他吃上一两天。他没有开车，所以去哪儿都是步行。他走路总是一副昂首挺胸的姿势，我从来不敢在他身边表现得无精打采，因为看到他坐得那么笔直端正，实在是一种享受。从市场回来后他便开始做午饭，饭后打个小盹儿，醒来后再打扫一下房间，或者出门约见朋友。下午 6 点，他会收看当天新闻，之后吃一些在我们眼里是零食小吃的晚餐——一块奶酪，一些全麦饼干，或者酸奶之类的食物。

当舅姥爷感到有些乏了，他便会上床睡觉。他的睡眠很好，从晚上一觉睡到早上 7 点。他从不会半夜醒来，也不需要设闹钟。我问他诀窍是什么，他轻描淡写地说道："这有什么难的。"他不用电子设备，不用手机，头一沾枕头就着。

舅姥爷并不觉得自己的生活乏味无聊；恰恰相反，这样的生活习惯令他得以保持精神矍铄，日子过得井井有条。所以，与其将日常美容守则看作洪水猛兽，不如放轻松一些，只当它是生活习惯的一部分，就跟刷牙洗澡一样，就更容易坚持下去。在本书接下来的五章中你们将学会如何享受专属于自己的快乐美容时光。

法式美容观念的变迁

过去 50 年里，法式美曾一度以过分精致繁复和迷人魅力著称，并且通常都以牺牲舒适感为代价。时至今日，为了获得更轻松舒适的体验，我们开始倾向于挑选那款式简单易于穿脱的服装鞋袜，当然也包括更容易坚持的美容习惯。美丽的法则更偏重于打造自然的外在形象，以及更适合职业女性日常生活的着装风格、发型和妆容。我们对于美的理念是：无论是早晨起床后，还是夜晚参加鸡尾酒会前，女性可以花更短的梳妆打扮时间令自己看起来更美丽优雅。女性迷人魅力的展现不再是个繁复的大工程。

我的母亲和外祖母都是这种全新质地和配方的化妆品的受益者。她们的妆容不再显得厚重，晚上卸妆后皮肤也更觉清新舒爽。尽管她们骨子里仍然保持着繁复精致的旧世美学格调，但如今一切都变得更简便轻松！你看，通向美的道路千千万，何苦一条道走到黑。

雷吉娜：美国版 *Vogue* 杂志的编辑找到一间小公寓，他们把它租了下来，作为艾文·佩恩的摄影棚，拍摄迪奥和巴黎世家 1950 年秋冬高级定制时装系列的大片。那间公寓之前是一位画家的画室，位于大楼的顶层，并且还带有一扇巨大的天窗。因为佩恩更喜欢在自然光下进行拍摄，不想使用太多人工照明。当时正值 8 月，酷暑难耐的天气下我们还得穿着厚厚的冬装外套，就别提有多难受了。由于天气实在太热，脸上的妆很快就全都花了。对此我早就习以为常，因为就算换一间摄影棚，大灯烤着，也难逃花妆的命运。好在那天我只刷了一点睫毛膏、上了淡淡的一层粉和一点亮红色唇膏。（我把头发都往后扎了起来，因为知道当天拍摄要佩戴帽子。）

我没有太多的担心，因为那天我与丽萨·冯萨格里夫斯一起担任模特，她嫁给了佩恩。我很喜欢跟她一起工作，因为她是个非常可爱的姑娘。丽萨之前学过很多年芭蕾舞，体态优雅，肢体语言丰富。最厉害的是她可以保持同一个姿势很长一段时间，尽管一套服装的拍摄时间并不会拖得太长。样衣在拍摄完成后必须立马交由摄影师助理骑着单车送到其他时装买手或别家杂志的编辑手上。这些单车骑手会穿越塞纳河，从设计师手里接过最后一秒才敲定的服装配饰，只为获得更完美的大片拍摄效果。当然，每个环节都必须确保尽善尽美万无一失。至关重要的一点是，必须抢得头彩，赶在其他杂志之前完成拍摄。佩恩会在拍摄前表明他最终想要的成片效果，并坚持在拍摄过程中保持一种平静的氛围。拍摄期间我非常专注，因为我穿的夹克外套样衣太过肥大，必须用夹子将服装多余的部分在背后牢牢固定住，从而使整套服装在镜头里显得更修身贴合。我被勒得几乎要喘不过气来，因为我担心自己稍喘口大气，背后的夹子便会绷开。于是只在我和丽萨需要补妆的时候才稍事休息。

　　自己亲手操作是提升化妆技巧的最佳途径。即使在今天，我仍然喜欢保持繁复的精致妆容。以我目前的年龄，淡雅的妆容更适合，但我每天仍然会用到以下彩妆用品：睫毛膏、腮红和口红。我很早就懂得一个道理：永远都不要让自己看起来像个邋遢鬼——在过去那个年代，女性绝对不能让自己看上去不完美！

　　当我回过头来重新审视那张照片时，有两样东西格外引人注目。我一直很喜欢照片中这个姿势，克莱芒斯曾经告诉我，这个姿势让她联想到古埃及公主的象形文字。外套的整体结构形状，收紧的腰部线条和硬朗的肩线修饰，通过一条宽大的羊绒围巾得以柔化，这还要归功于佩恩不厌其烦地左右摆弄，直至调整到他满意的效果。头上那顶饰有鸵鸟羽毛的红色天鹅绒小礼帽，轻盈的面料质地与围巾流畅的线条协调均衡，从而使整个造型更臻完美。

　　这张照片也让我意识到，美的潮流竟发生了如此天翻地覆的改变。尽管我从小到大遵循的那些繁复的美丽法则能让人变得魅力十足，但与此同时，女性也必须始终维持完美无缺的外形，否则便会因此遭受批评与非议。如今人们完全可以选择更轻松随意的着装风格。

　　这张照片也是摄影师佩恩的法国版 *Vogue* 封面处女作。对我外祖母而言，这是一次多么奇妙的经历啊！至于我在几年前重新发现的那张佩戴着珍珠项链的照片，也是由艾文·佩恩掌镜拍摄。当时我在巴黎为迪奥公司工作，公司每年都会举行全体员工年终大会。我们被邀请到迪奥实验室参加会议，这所实验室位于巴黎郊外，迪奥品牌所有的面霜、乳液以及香水产品都是在这里完成调制的。这一天对于我们每一位而言都是个异乎寻常的大日子。我们坐在一个大礼堂里，公司各产品线的研发团队分别向与会的同事展示各自团队即将在未来几个月发布的下一季新品。当香水团队上台开始报告时，外祖母这张令人无比惊艳的照片便出现在大屏幕上。照片中她身着一套非常时髦的连衣裙套装，脖子周围环绕着一条长长的珍珠项链，优雅地搭在左肩上。他们将她视作迪奥品牌优雅的象征，这太不可思议了！我难掩内心的兴奋之情，但我的个性实在太害羞，不好意思告诉同事们照片中这位大美人就是我亲爱的外祖母！

外祖母之前曾来纽约探望我，当时距这张照片的拍摄时间已经相隔50多年。她给佩恩写了一封信，告诉他自己会在曼哈顿待几天。佩恩立即在回复中欣然邀请外祖母与之会面。他们在佩恩位于下第五大道的摄影工作室里举行了一场温馨又令人动容的再聚首，佩恩见到外祖母时难掩喜悦之情，一个劲儿让外祖母讲更多丽萨生前的故事给他听。丽萨前几年过世了，但他至今依然深爱并怀念她。过往半个世纪的岁月仿佛在一瞬间都融化了，他们好像又重新回到了巴黎那个蒸笼般闷热的阁楼上，一边工作一边取笑外祖母脸上花掉的妆。

洛兰： 在为美国版 *Vogue* 工作期间，我曾担任过大片拍摄助理一职。当时我很幸运被选中，协助摄影师伯特·斯特恩为 20 世纪 60 年代末的高级定制时装系列拍摄大片。玛丽莲·梦露生前最后一次照片拍摄便是由伯特·斯特恩掌镜，他也因此在摄影界名声大噪。先前我对时尚摄影着迷了一阵子，但后来我意识到真正能激发我热情和兴趣的是美容护肤领域。正如我对苏珊·特雷恩所说的那样。

"这很简单，"她对我说，"你得去见一见戴安娜·弗里兰，她现在正好下榻在瑰丽酒店。你去吧！"

我有点紧张，但依然打起精神去她的酒店套房找她。当时她正端坐在梳妆台前往脸上涂抹面霜。一头柔顺的深色头发向后披散着。她的目光锐利，瞳孔的颜色与发色一样幽深。尽管她身型娇小，却散发出一股与生俱来的迷人魅力。照片中的她总是显得比本人更高挑。

戴安娜几乎没抬头看我一眼，就开口说道："苏珊告诉我说你对美容很感兴趣……喏，你看，我现在用的这款面霜就不太适合你用。你太年轻，目前还不适合用这种产品。"然后她问我想做什么，我告诉她我对化妆品和美容护肤产品很感兴趣。

"很好，"她回答道，"我会关照你的。来纽约吧，我把你推荐给合适的人。"

戴安娜是一位极富远见卓识的女性，不仅仅是外表时尚漂亮。要知道，我在她和她的法国编辑苏珊·特雷恩身上学到不少东西。"不可能"

三个字永远不会是一个能让人接受的回答。对于美国版 *Vogue* 向我们提出的所有要求，都要尽全力找到解决办法，做到有求必应。没有人会想让戴安娜失望。

最终，自然美妆风格成为广受欢迎的潮流趋势。表面上看起来更简单，但事实上要真正实现清新自然的裸妆效果，依然要下不少功夫，并且对化妆技巧也有一定要求。所幸的是，各大彩妆品牌都纷纷对美妆产品进行了质地的提升改善以及色彩创新，从而帮助彩妆美容爱好者更轻松地打造清新自然、明艳照人的裸肌妆容。

即便法国人也照样会犯美容错误！

尽管法国女性喜欢自己的日常美容习惯，对自己所使用的护肤产品与操作手法也很有信心，但她们依然会犯错。以下是我的一些闺中密友分享给我的她们在美容护肤过程中发生的一些趣闻糗事。

- ♥ 以后我再也不会在冬天往脸上涂椰子油了。尽管椰子油在夏季护肤功效神奇，但到了冬天，它会随着冷空气凝固，太刺激皮肤了。
- ♥ 当我长青春痘的时候，我有个很糟糕的习惯，就是总也忍不住要去摸自己的脸。这样的举动肯定会让皮肤状况雪上加霜。
- ♥ 我再也不会独自在家染发了。

💜 我再也不给姐姐的腿涂美黑乳膏了，我上次搞砸了，惹得她一脸的不高兴。

💜 现在我要避免晒太多日光浴，因为上次晒过之后我整个人看起来就像只煮熟的龙虾——之后我的身体开始脱皮！

💜 我再也不会用沙滩上的沙子来按摩皮肤去角质了。这会导致不良反应，皮肤就像起了很粗糙的皮疹。假设是在夏季的炎热天气，我又只穿着很轻薄的裙子，那简直就是场大灾难。

Part Two

第二部分

面部肌肤保养:

玉面含春

第二章

各年龄段的美肤要诀

"我喜欢将皮肤比作丝绸衬衫。如果你的衬衫上出现了瑕疵，那就需要精心呵护，悉心打理。"

——整体美容造型师 伊莎贝尔·贝利

在我使用过的所有美容产品中，洁面乳和爽肤水是我最先接触到的护肤品。现在就算闭上眼睛我也能清楚地记得那瓶淡蓝色的资生堂纯净洁面啫喱的样子，还有那款圆形罐子的 Onagrine 磨砂膏（那时我正处于青春期，还在使用磨砂膏）。每天晚上，我都会小心翼翼地涂抹揉搓并轻轻洗去。母亲曾告诫我，睡觉之前一定要将脸洗干净。这句话时常在我耳边萦绕。

转眼几十年过去了，我仍然痴迷于那些清洁效果出众的洁面产品，在这一点上我与大多数法国女性一样。还有什么比法国式的完美洁面法更能展现肌肤的细腻柔美之感呢？正确的清洁方法不但能消除环境对肌肤造成的污染损伤，还能延缓皮肤自然衰老的速度。

简单法则：每日坚持例行公事

信不信由你，在纽约居住最大的好处就是，当一天结束时，我的皮肤会比在巴黎的时候干净许多。毕竟曼哈顿是一个被水环抱的小岛，空气清新，时有微风拂面，能大大减少空气中的污染物。另一方面，在巴黎常会出现可怕的污染天气，天色灰沉沉一片，就像指甲缝里藏着的脏东西。

尽管曼哈顿的空气干净清新，但我搬到美国居住后，有一件事令我颇感诧异：这座城市里居住的人似乎并不太注重面部清洁这个重要的护肤环节。就此疑惑，我询问了许多纽约女性，从她们口中我了解到了个中缘由。事实上她们中的大部分人从十几岁长青春痘时起就已经开始使用洁面产品了，但那时使用的大多是针对痘痘肌肤具有一定药物治疗功效的洁面产品。这类产品通常带有刺激性的难闻气味，并且在使用过程中还会对皮肤产生一定程度的刺激感。因此，她们心中只想着一件事情：赶紧把脸洗完。久而久之，自然也就失去了享受清洁肌肤的乐趣。

希望本章内容能有助于你们改变以往的洁面习惯，增强肌肤的健康活力，这是非常重要的一步。我曾与巴黎欧莱雅公司全球科学传播总监伊丽莎白·布哈达纳就此问题进行过探讨，希望她的观点能帮助你们对肌肤清洁的重要意义有更深刻的理解。

- 保持皮肤健康卫生意味着做好清洁，尤其在晚间，需要彻底清除附着在皮肤表面的各种彩妆残留、灰尘以及污染物等。人体皮肤最表层由死皮细胞组成，尽管一方面它们能对下面一层细胞起到屏障保护作用，但另一方面，也成了藏污纳垢与细菌滋生的温床，可能导致毛孔堵塞甚至引起发炎。

- 我们发现，化妆品残留物也通常沉积于此，尤其是当你每天都使用油性粉底时。化妆品中的油脂成分与皮肤分泌的天然油脂（皮脂）混合在一起相互作用发生氧化，这是导致皮肤问题的另一个原因，同时也是加速皮肤老化的一个因素。

- 如果皮肤不够干净，保湿霜或精华液便无法穿透由皮脂、死皮细胞和化妆品残留构成的坚固屏障，也就无法发挥其应有的功效——就算全世界最好的面霜也一筹莫展。清洁到位的皮肤有利于各种护肤产品的渗透吸收与发挥功效，无论是精华液、保湿乳还是抗皱面霜。

特里·德·根茨堡出生在法国，拥有自己的美妆护肤品牌 By Terry（她在法国美容界的传奇地位就好比创造出圣罗兰明彩笔的天才）。她曾这样对我说："将洁面的过程想象成一次屏息凝神的冥想，好好享受这段属于你一个人的时间。沉浸在沁人心脾的气味中，放松紧绷的神经，感受皮肤慢慢变得湿润、柔嫩、容光焕发起来。找到一款自己喜欢的产品，让它的芬芳气息引领你进入一个轻松惬意的世界，这短短几分钟完全可以为你带来无比轻松愉悦的体验。"

特里·德·根茨堡很喜欢将几种不同的卸妆液混合在一起使用，对此她也向我解释了其中的原因。那是一个特别寒冷的冬日，暴风雪即将袭击纽约市。我们坐在上东区一家时髦小餐厅的包间里，聊得很投机，以至于大家都没有意识到已经悄悄过去好几个小时。等到我们的会面结束，外面的雪已经积了好几英寸 ① 深。穿着时髦的冬衣和高跟鞋的特里就像个真正的法国女人，她只微微一笑，耸了耸肩，便提腿跨进雪地里。就在此时，一辆出租车奇迹般地出现在

———————————
① 1 英寸 =2.54 厘米

眼前。

她告诉我:"关键词是'纯净',卸妆清洁应当成为每日必修课。我喜欢把3种不同的卸妆液混在一起用,把它们一层一层地涂抹在皮肤上,再按摩3分钟。这是我留给自己的3分钟!是一段完全放松的时间。我会用大量清水彻底冲洗干净,之后再用手将爽肤水拍在脸上。你瞧!我的皮肤是不是很亮!"

洁面产品

市面上的洁面产品琳琅满目、五花八门,根据它们的成分、质地、功效与用途等可以划分为以下几大类别。美国 Detox Market 门店及网店的联合创始人、法国人罗曼·加亚尔向我分别阐述了各类洁面产品的区别与具体用途。

- 洁面乳:性状温和、滋养、舒缓的洁面乳是最适合干燥肌或敏感肌使用的产品,某些添加了植物精油成分的洁面乳是卸妆和平衡所有肌肤类型的完美洁面产品,即便是油性肌肤也适用。
- 洁面泡沫:泡沫质地轻盈,用起来很有趣,但是使用后会令肌肤变得干燥,所以更适合青少年皮肤与油性皮肤。即使是配方最温和的泡沫洁面产品对干性皮肤或敏感肌也是一种负担。因为起泡的主要成分是硫酸盐——通常在洗衣粉和洗洁精中添加的一种表面活性剂。

- 洁面啫喱：通常是油基洁面产品，可以很好地去除脸上的化妆品残留与污垢。

- 洁颜油：洁颜油并不会让皮肤变得更油腻！丰富的配方成分，适合干性肌肤使用。如果在卸妆时为避免过度拉扯皮肤带来损伤，洁颜油也是非常理想的卸妆用品。在进行双重清洁的过程中，可以先使用油性洁面产品，之后继续用传统洗面奶或洁面啫喱进行二次清洁。因为油性洁面产品容易残留在皮肤表面。

- 眼部卸妆液：一种油性或水性的卸妆洁面产品，质地温和，适于敏感细嫩的眼部肌肤，不会引起刺痛或产生细纹。油性卸妆液去除眼影和卸睫毛膏的效果最显著。此外，一款优质的化妆棉与眼部卸妆液同样重要。

- 爽肤水：在以前的护肤观念中有一个误区，认为没有必要使用爽肤水，并且有的爽肤水太刺激皮肤。然而事实上，爽肤水是一个不可或缺的护肤步骤，当然，也需要选对适合自己的产品。添加了植物精油等纯天然成分的爽肤水能深入肌肤底层滋润保湿，并确保后续使用的精华液、保湿霜能更有效地被皮肤吸收。此外，某些爽肤水喷雾还可用于定妆，以及随时唤醒倦怠肌肤。

- 卸妆水：卸妆水最早出现于 20 世纪 90 年代，发明这种产品的初衷是为了保护巴黎女性的皮肤免受当地臭名昭著的自来水伤害刺激。卸妆水的主要成分是水和悬浮在水中的微小清洁油分子。具体使用方法是：用卸妆水将化妆棉完全浸湿，直接擦拭卸妆，之后不必再用水冲洗。卸妆水与化妆棉配合使用，能像磁铁一样牢牢吸走皮肤表面以及毛孔中的油脂污垢。当然，卸妆水的功能主要还是侧重于卸妆清洁，不能取代常规使用的洁面产品。

卸完妆再睡觉

首先从眼部开始卸起，因为眼影、眼线和睫毛膏比脸上其他部位的彩妆颜色更重，也更难卸除。卸妆动作一定要轻柔！另外，需要使用质地柔软、吸水性强的化妆棉片，因为对于脆弱柔嫩的眼周肌肤，普通纸巾实在太粗糙了。

我个人更偏爱使用油性卸妆液，因为它在卸妆的同时还能起到润泽肌肤的作用。之后再彻底清洗脸部肌肤，洗去残留。另一个重要的原则是：不要吝惜使用卸妆液。完全浸湿的化妆棉比半干半湿的棉片卸妆效果好得多，尤其是在卸睫毛膏时。将完全湿润的化妆棉敷在眼皮上几秒钟，让卸妆液有时间充分渗入睫毛膏，便于之后彻底将其清除。

我们最爱使用的眼部卸妆液品牌

适合各年龄层

香奈儿、科颜氏、康如、兰蔻、玫珂菲、贝德玛、魅可专业眼部卸妆液、Saje 纯天然草本卸妆膏

双重清洁法

我从巴黎最著名的两位美容专家那里学到了双重清洁的概念。一位是被誉为"美容女王"的若埃勒·乔科。她在巴黎最时尚的马德琳区核心地带拥有一家精致的高级美容中心，那里是世界各地的女性来巴黎后最喜欢去的社交场所之一（与她见面之前我有些紧张，但见面后发现她的性格如此热情可爱，我才明白为什么这么多年来她一直拥有如此众多的追随者）。第二位便是由若埃勒·乔科一手调教出来的整体美容造型师伊莎贝尔·贝利。她专攻纯天然配方美容护肤领域，拥有令人艳羡的好皮肤和宛如芭蕾舞演员般的优雅体态。伊莎贝尔让我了解到面部按摩对促进组织中血氧循环流动的重要作用，长期坚持会让你的皮肤受益良多。

💜 保持皮肤清洁卫生，意味着对皮肤的尊重与爱护，并不会对其有所

损伤。因此，需要在夜间彻底清洁皮肤。如果感觉自己的皮肤"干净过了头"，或者局部出现干燥粗糙，手感不平滑，那么很可能是因为你使用的洁面产品质地太过粗糙。

♥ 脸与脖子需要清洁两次。第一次，使用乳霜质地的清洁产品去除皮肤上残留的污垢杂质及化妆品等。

♥ 第二次，清洁皮肤最表层／角质层，从而促进皮肤自我保护与修复再生，这个过程主要在夜晚睡眠中完成。

♥ 动作尽量轻柔，否则皮肤会变得干燥敏感。

♥ 洁面乳或洁颜油最适合干性皮肤使用。

♥ 经过双重清洁后，用化妆棉片沾取你最喜欢的爽肤水拍在皮肤上，不用冲洗。也可以使用温泉水，比如雅漾或依云的温泉水喷雾，最后用纸巾轻轻吸去多余的水分。

♥ 早晨用爽肤水或质地轻盈的洁面乳快速温和地清洁脸部，之后用温水冲洗干净。夜间洁面也需要使用温水。

♥ 可以使用同一品牌的产品，也可以根据实际需要与皮肤的敏感程度选择不同品牌的产品组合使用。

｜ 无水洁面法 ｜

巴黎弗朗索瓦丝·莫里斯美容学院的经理德尔菲娜·普吕多姆教

给我的非常有效的清洁方法，不管你是什么年龄，这个方法都适用，它会让你的皮肤感觉细腻柔滑不紧绷。

♥ 晚间进行面部清洁时，先在化妆棉上涂上一层乳状卸妆液，以画圈儿的方式去除皮肤表面的污垢及化妆品。只要一片化妆棉就行。

♥ 然后，再取几片化妆棉，配合性质温和的洁肤乳液继续清洁面部，直至最后使用的一片化妆棉表面完全呈白色没有脏污痕迹。如果你的脸上有妆，可能需要用到三四片化妆棉。最好选择亲水化妆棉，因为这种棉片更柔软，吸水性更强。

♥ 早晨洁面时，只需要一片涂有洁肤乳液的化妆棉即可。

♥ 使用精华液或保湿面霜前，一定要先将皮肤擦干。

我最喜欢的洁面方法

我听取了这些美容专家的意见，一直遵循双重清洁的法则，我发现它确实有效提升了我的皮肤质感和光泽。谁能想到，就算是洁面这样平常的小事也能成为健康皮肤的保养品呢？

以下是我在每一天结束时的面部清洁步骤：

♥ 首先，我会使用卸妆乳或卸妆油卸妆，卸妆油的质地手感非常舒服，让人忍不住想要按摩。

💜 如果当天的妆比平常浓，或者空气污染严重，我便会采用娇韵诗推荐的清洁手法：首先用双手手掌心温热卸妆乳液，然后将其涂抹在脸上，再用手掌在面部反复按压提拉，产生类似吸盘的效应，从而达到清除毛孔污垢的效果。

💜 有时我也会使用时下很流行的一款神奇的洁面产品——斐珞尔露娜迷你电动洁面仪，在百货商店或者网上都能买到。它的清洁主体是一个硅胶刷，柔软细小的触头在轻微的震动下，能将皮肤清洗得非常干净柔滑。首先我会将脸部皮肤沾湿，涂上洁面乳，然后使用斐珞尔露娜洁面仪进行清洁按摩。

💜 接下来，我会戴上一双特别的手套（手套形状的毛巾布，可以把手放进去），然后用温水冲洗脸部。这是一种非常法国式的洗脸方法，可惜我在美国一直都找不到这种手套！如果你也想尝试这样的方式，可以使用软毛巾代替。把它放进温水里浸泡几秒钟，然后用它来擦洗脸部和脖子。

💜 接下来我会使用洁面乳等质地更丰厚的洁面产品进行第二次清洁，然后再戴上毛巾手套将脸彻底冲洗干净。

💜 擦干皮肤上的水，再用化妆棉涂抹爽肤水。脸部、脖子前后以及两侧都要涂到。

💜 外形漂亮可爱的化妆棉会带给你很不一样的护肤体验。我对化妆棉非常挑剔，当我发现一款很喜欢的化妆棉品牌，我就会一下买上好几袋备用。即便是在旅行期间我也不会忘记带化妆棉，因为它们真的是面部清洁程序中非常重要的一部分。

♡ 最后，我会喷上一些雅漾或理肤泉的温泉水喷雾，无须冲洗。

♡ 每天早上我也不需要使用洁面产品——只要将化妆棉用温泉水浸湿，再加入一些爽肤水，就可以直接用棉片擦洗清洁，同时焕醒肌肤。

这听起来可能有点复杂，但实际上真的很简单。只需要短短几分钟，你的脸就会变得净透无瑕、饱满丰盈、无比滋润。直到第二天早晨起床，皮肤依然感觉细腻柔嫩充满光泽。

我们最喜欢的洁面产品

我想你们一定早就知道并且使用过其中某些品牌，还有一些产品我相信很快也会成为你们的新宠。

这些洁面产品的质地各不相同，适合各年龄段皮肤使用。

轻熟期

雅漾、倩碧、德美乐嘉、娇韵诗、Osmia Organics 玫瑰黏土洁面皂。

绽放期

若埃勒·乔科个人品牌的洁面乳、Pai 山茶玫瑰温和保湿洁面乳、科颜氏夜间植萃洁肤油、de Mamiel 修复洁面膏、欧缇丽葡萄籽净肤洁颜油、Tata Harper 滋养卸妆油。

优雅期

碧研平衡洁面乳、欧缇丽温和洁面乳、娇韵诗橄榄精华卸妆油、雅诗兰黛肌透修护洁颜膏、植村秀卸妆油、若埃勒·乔科舒缓洁面乳。

我们最喜欢的爽肤水

使用爽肤水有助于彻底清洁肌肤，并且不会带走皮肤表面原有的天然油脂。当你用化妆棉擦完爽肤水，棉片如果依然洁白无瑕，就大功告成了。对于轻熟期女性的肌肤而言，尤其当你属于油性皮肤时，用完洁面泡沫后皮肤可能会感觉到紧绷，这便是一个特别有效的缓解方法。

轻熟期

欧莱雅、贝德玛卸妆水。

绽放期

雅漾柔润柔肤水、娇韵诗、欧缇丽保湿爽肤水、Tammy Fender 精纯 VC 爽肤水。

优雅期

幽兰 B21 卓越爽肤露、若埃勒·乔科完美爽肤水、菲洛嘉抗衰老卸妆水。

日常洁面去角质，美白亮肤去暗沉

我留意到美国的药店货架上总是摆满了各种磨砂膏和去角质产品，而法国的药妆店却不会这样。我们从来没有被灌输过这样的观念："要想让皮肤变得干净，唯一的方法就是给它去角质。"事实上，对你的皮肤来说，最糟糕的事情之一就是经常用力搓洗去死皮。根据皮肤科专家菲利普·西蒙南的说法，使用颗粒粗糙的磨砂膏或去角质膏就像"上房揭瓦"。磨皮搓洗并不会使你的皮肤变得更干净，即使你属于油性肌肤甚至还有痤疮，正常使用高品质洁面乳照样能去除皮肤在空气中暴露一整天所产生的各种污垢。

如果你实在怀念磨砂膏的感觉，那就改用温和的去角质洁面膏，别忘了关键词是"温和"。若希望皮肤更富有光泽，可以进行额外的增白亮肤护理（增白剂的好处在于它能在一定程度上解决皮肤色素沉着的问题）。法国女性绝不会自己在家使用粗糙的磨砂膏或尝试用化学方法为自己的皮肤去死皮角质。菲利普解释说："每去一次角质，就会对皮肤造成一次细微的损伤。就算你只磨一次——是的，就一次！也会剥落三层皮肤细胞。一层的修复时间通常为 48 小时，若要全部获得恢复再生就需要整整一周时间。"

我们最喜欢的温和去角质洁面膏及美白亮肤液

去角质

Aurelia 焕颜奇迹去角质洁面膏、迪奥乐肤源轻柔去角质洁颜粉、菲洛嘉光润复氧去角质面膜、匈牙利 Omorovicza 温泉矿物洁面膏。

美白亮肤

欧缇丽亮肤精华液、悦碧施钻石美白亮肤面膜、Osmia Organics 亮肤精华液、Tata Harper 极致亮颜精华液。

面膜深层清洁，去除肌肤暗沉

使用面膜也是进行皮肤深层清洁与改善暗哑肤色的好方法。选择外包装说明标签上印有"均匀肤色""亮白""去暗沉"等字样的面膜产品。每次敷面膜我都会感到精神无比放松，心情愉悦。我也清楚自己需要经常做，只要别让人看见就行——我担心自己满脸糊上面膜的样子吓到小朋友。

我们最喜欢的面膜产品

帮助年轻肌肤排毒、去除多余的油脂及深层污垢的泥状面膜：碧欧泉、Captain Blankenship 美人鱼排毒面膜、迪奥乐肤源毛孔细致泥面膜、科颜氏、Kypris 深层清洁面膜泥，以及 Odacité Synergie 速效焕彩面膜。

补水与亮肤效果出众的面膜：雅漾舒缓特护密集滋养面膜、Pai 玫瑰果油光彩立现面膜，以及 Tata Harper 焕颜面膜。

若要获得令人眼前一亮的惊艳效果，请尝试以下无纺布面膜产品：雅诗兰黛密集修护肌透面膜、资生堂盼丽风姿面膜。

痤疮肌肤护理

正确的洗脸方法是预防治疗痤疮的关键。在法国，妈妈们会在自己的女儿青春期到来之前便开始教她们正确洗脸，清洁毛孔，去除导致脸部青春痘等瑕疵的油脂污垢与细菌，我母亲当初也是这样教我的。据她回忆，她在自己 14 岁的时候已经尝试过很多种不同的深层净化面膜！与看牙医一样，看皮肤科医生也是我们日常美容护肤的常规项目。不仅要预防或治疗痤疮，还要彻底检查与日晒有关的所有褐色斑点。

各年龄段的痤疮肌肤

　　法国女性喜欢吃的巧克力或者牛排炸豆饼中的薯条，这些食物都不是引起皮肤痤疮的主要原因。痤疮主要是由激素分泌、皮肤油脂分泌以及痤疮杆菌等多种综合因素引起的。这就是为什么几乎所有年龄层的女性都可能长痤疮，无论是十几岁的少女，或是刚生完孩子的年轻母亲，甚至是上了一定年纪的女性。

　　事实上，正如护肤专家菲利普·西莫南所解释的那样："痤疮的产生有 40% 的遗传因素、30% 的内分泌因素、10% 的心理因素（紧张和压力）、10% 饮食因素以及 10% 的日晒因素。当我为孩子们讲解这些时，他们的母亲们都听不进去悄悄开溜了，那我们还怎么去告诫这些少男少女们要保持心情愉悦，减少心理压力，要做到膳食均衡，要这样那样，注意这个当心那个？"

轻熟期

　　在法国，如果青春期少年长了痤疮，他们会赶紧找药剂师或皮肤科医生寻求帮助，很少擅自处理。据巴黎内分泌学家卡特琳·布雷蒙-魏尔博士以及皮肤科医生索菲·拉格兰尼博士的观点，大多数青少年有痤疮问题的困扰，这对他们的正常生活造成了一定影响。这是个比较严重的问题，因为痤疮很少会自愈消退。无论丘疹、黑头或瘢痕是否明显，必要时请及时咨询皮肤科医生，同时也参考以下建议：

♥ 每天坚持使用抗痘产品（特别是"无致痘性"配方的产品）进行皮肤清洁是必须的，但这对于顽固性痤疮无法起到长期效果，治标不治本。

♥ 晒黑不是解决办法，阳光是"乔装打扮的魔鬼"。尽管古铜色皮肤或许在视觉上能对红肿和粉刺起到一定程度的掩饰作用，但实际上日晒不但会损害皮肤，还会导致更多丘疹痘痘出现。

♥ 早期积极寻求治疗可以降低永久性痤疮疤痕产生的风险，尤其是囊肿型痤疮（非常大的粉刺，让人不由自主地想去挤）。以下是皮肤科医生推荐的一些治疗痤疮的常用药物：

♡ 局部治疗外用药：如类维生素 A、果酸、壬二酸、过氧化苯甲酰、外用抗生素药膏。

♡ 口服用药：抗生素，葡萄糖酸锌等，对于某些局部治疗效果不明显或对外用药物产生耐药性的一部分重症痤疮患者，还可以采用口服异维甲酸（青春痘特效药）的方式进行治疗。但异维甲酸可能产生某些较严重的副作用，因此需要严格遵医嘱服用，目前考虑怀孕或者正处在孕期的女性禁止服用该药。

♡ 使用激光／光子疗法治疗丘疹及痤疮疤痕。

♡ 抗雄激素治疗也是一种不错的选择，但须因人而异地在专业医生的建议指导下进行。

总之，睡觉前一定要洗脸，但请尽量避免使用磨砂膏或大力搓洗！保持饮食均衡，少吃高热量油炸食品、加工食品以及动物蛋白含量高的食物，另外还要避免食用辛辣食物。著名营养学家、功能医学家乔治·穆顿博士说："辛辣食物很容易刺激皮肤从而引起痤疮或过敏等症状。辛辣食物会刺激口腔黏膜以及胃肠道。如果胃肠道受刺激发炎，皮肤也会相应地出现炎症。"

必要时可以征询营养学家的意见和建议。尽管"说时容易做时难"，但再难也要坚持。

绽放期

近几十年来，大部分痤疮问题是由体内激素引起的——比如从小到大都不长青春痘的女性突然在 20 多岁的年纪爆痘、孕期或怀孕之后长痘或者在雌性激素分泌开始下降的绝经前期／围绝经期长痘等。对于这样的情况，可以寻求妇科医生或皮肤科医生的帮助。

当然，这个年龄段出现的痤疮问题还有可能只是某种简单的接触性皮炎，或许是由某种清洁剂或肥皂引起的，也可能是对某种物质过敏。不妨换一种性质更温和、无刺激、无香料添加、专为敏感肌肤设计的洁面产品使用，保持肌肤清洁。如果鼻子周围毛孔里有黑头，可以适当使用去黑头贴清理。

优雅期

如果脸上突然起了痤疮粉刺，应及时就医，因为有可能是内分泌失调的迹象。在这个年龄段，内分泌失调的情况相对较少见。小心驶得万年船，切勿大意。

我们最喜欢的抗痘祛痘产品

适合所有年龄段痘痘肌

雅漾粉刺祛痘净肤乳、贝德玛、理肤泉、Osmia Organics 黑泥美容洁面皂、Odacité 黑孜然 + 白千层浓缩精华液。

药剂师克莱尔·博塞推荐：早上和晚上交替使用化妆棉沾取贝德玛舒妍洁肤液洁面；洗澡时使用贝德玛舒妍净化洁面泡沫凝胶；白天使用防晒指数 SPF50 的诗芙雅痘肌调理霜；晚上使用理肤泉清痘净肤双效调理乳，这款双效调理乳可以快速减轻肌肤瑕疵问题，防止色斑形成，以及均匀肤色。

第三章

补水保湿：
提升日常美容
护肤效果

"每个女人都可以很美。"

——雅诗兰黛

雅诗兰黛说得很好！每个女人都可以很美，但这需要时间和付出。

过去很多年里，我一直很喜欢自己脸上那些可爱的小雀斑。它们在阳光灿烂的夏季突然跳到我的双颊和鼻子上来，是阳光留给肌肤的印记。然而事实上，每一粒"可爱"的小雀斑都是皮肤在不经意间受到伤害后对我发出的悄无声息的警醒。如今的我只想尽量躲开这些棕色的小点点。

既然无法扭转时光、重新反思雀斑是否真的美好，也只能把握当下，用心呵护自己，毕竟衰老的脚步势不可挡，从不为谁停息。首先需要了解的是，随着年龄的增长，皮肤会发生哪些变化，之后才能根据自身需求有针对性地制定最有效的保养计划。

皮肤衰老不可避免

在法国，大多数女性都明白一个道理：越早开始进行全面保养，皮肤就会显得越年轻。然而无论费多少心力去呵护保养，随着年龄的增长，皮肤终将慢慢变薄，逐渐失去弹性，开始松弛下垂。皮肤的修复再生能力和皮脂腺分泌都会减弱，很容易变得干燥、缺水，产生皱纹。

整体衰老

皮肤分三层：表皮层（最外面一层），真皮层（中间一层），还有皮下组织（最底部一层）。如果你把皮肤看作层层叠叠的一张床，那么皮下组织层就是床框的最底部，那里有能起缓冲作用的脂肪细胞；真皮层是床框，那里主要是胶原蛋白和弹性蛋白（形成皮肤细胞的蛋白质）；最后的床垫便是表皮层，它能够不断地进行自我更新。皮肤中含水量最高的部分是真皮层，高达 80%，并一直向含水量较低的表皮层渗透。皮肤细胞形成于皮肤深层，之后向上迁移，抵达皮肤表面后死去，这些死掉的皮肤细胞被称为"角质层"。

我们的皮肤一直进行水合作用，因为从细胞层面看，我们的身体大部分是由水组成，它能帮助皮肤保持湿润柔软，哪怕你已经 90 多岁。

然而，随着时间的推移，日光中对人体有害的 UVA（紫外线 A 段）和 UVB（紫外线 B 段）射线穿透皮肤，胶原蛋白纤维因此开始降解。感谢伊丽莎白·布哈达纳帮助我理解皮肤衰老的过程，以下是一些关键信息。

轻熟期

在 20 岁出头的年纪，皮肤柔软细腻，水分充足，修复力强，再生迅速——在这个阶段，皮肤细胞的生命周期很短，通常只有 3 ～ 4 周。它们从肌肤底层向上推进，最后抵达角质层。

然而，从 20 ～ 30 岁这 10 年间，皮肤也开始逐渐发生改变。从生物学的角度来看，皮肤老化的最初迹象是皮肤结构保持水分的能力开始慢慢下降。在皮肤表层（真皮层和表皮层）有一种天然的海绵状物质叫作"透明质酸"，它的主要作用是保持水分。随着时间的流逝，产生透明质酸的皮肤细胞开始逐渐丧失一部分保水能力。此外，透明质酸也会受到环境、污染、日光中紫外线以及氧化剂的破坏。当这种情况发生时，这些细胞便无法保持足够的水分，皮肤慢慢变得干燥。

另外，小细纹也可能开始出现，通常情况下肉眼不易发现，它们更像是一种感觉：皮肤不如从前那么柔软，或者光泽减淡。

更不幸的是，即便你曾侥幸逃脱过青春期痤疮的魔爪，到了这个年龄可能就在劫难逃。如果皮肤出现痤疮问题，请积极治疗（不要自己动手挤！）以免留下疤痕。

应对之策

趁年轻，开始用心保养皮肤！在十几二十岁出头的年纪，护肤的首要任务是保持清洁，因此，正确洗脸应当成为皮肤日常保养重要的组成部分，与口腔卫生、牙齿健康一样重要。选择一款气味宜人的优质洁面产品，让清洁肌肤的过程变得更轻松愉悦。

温柔地对待你的皮肤。避免使用质地粗糙有刺激性的磨砂膏——它们会损伤你的皮肤。如果皮肤有痤疮问题，请不要大力擦洗，这会让你的皮肤状况雪上加霜。如果要使用焕肤产品，请按照说明书操作。不要过度清洁皮肤，这会导致皮脂分泌更加旺盛，从而导致毛孔堵塞，引发痘痘。正如美容专家若埃勒·乔科向我解释的那样："我曾见过不少因为用错护肤产品而造成皮肤伤害的案例，某些产品会加速皮肤老化，而不是起到促进肌肤健康的作用。"为什么总会觉得自己的皮肤火辣、干燥、脱皮，而不是清新、滋润、健康？选错产品、过度使用非但起不到保养作用，还会适得其反，加速皮肤衰老。

"几分苦痛，几分收获"的观念在此并不适用，"温柔以待"才是合理的保养之道。

如果需要长时间暴露于日光下，请使用防晒霜，并尽量遵循健康合理的饮食习惯。

绽放期

当你的年龄到了三四十岁这个阶段，许多因素都会影响到你的皮肤，出现某些不可逆转的改变，变得更加脆弱，皱纹也开始显现。

这时你可能会发现，皮肤经常变得干燥，对温度的变化更加敏感（例如在室内空调环境和室外环境中，或者季节改变）。如果睡眠不足或过量饮酒，它们对皮肤的影响会直接在你的脸上显露出来。

洛兰：我记得在我 50 岁的时候，皮肤科医生告诫我，要减少晒日光浴的"配额"，多留意胸部的皮肤是否变得越来越敏感脆弱。现在，我的首要任务不只是保护，而是全面遮挡。旅行度假期间，我仍然喜欢去海滩，但不会再去阳光下晒上好几个小时，更不可能一点保护措施都不采取。我太喜欢阳光了，无法与之一刀两断，但同时我又很清楚，如果不进行防晒保护，皮肤会衰老得更快。面对时间，人终将做出让步。

虽然随着年龄的增长，脸上的皱纹越来越多，但整个人也将更趋柔软平和。年龄赋予你更多智慧，也教会你尽情享受当下的每一刻，这是一种生命的平衡。我们得学会把握人生中不同阶段的美，并将其铭刻于心。

应对之策

是时候改变你的日常清洁习惯了，稍做调整，使用更保湿滋润的护肤品。无论你的皮肤是油性还是干性，此时都不再需要像十几二十岁时那样使用去角质洁面膏或洁面泡沫进行清洁。你将在后文了解如何保持面部皮肤的张力和弹性，包括面部按摩。保护皮肤免受阳光伤害，如果无法避免暴露在阳光下，出门前请记得先涂上防晒霜。

优雅期

我们在50多岁这个年龄阶段都必须面对与绝经期有关的问题，尽管围绝经期通常40多岁就开始了。这时你不仅会明显感受到，更能亲眼看到皮肤状态的变化——皮肤干燥、皱纹更明显、皮肤弹性丧失，甚至开始下垂。

雷吉娜： 我永远不会忘记我们在葡萄牙度过的那个假期。天气很好，每天都是晴天，风也很大。我从来没有见过自己这么明显的脸部晒伤。在风吹、海水，还有强烈阳光的共同刺激下，我的皮肤付出了沉重的代价，真是糟糕透了，花了很长时间才恢复正常。

应对之策

在进行任何皮肤护理治疗之前，首先咨询妇科医生，测量自己的激素水平，充分了解激素替代疗法的利弊，看它是否适合你。接下来，去看皮肤科医生，研究讨论处方类护肤产品的选择和护理方法。此时不是自我诊断的时候，需要听取专业指导意见。之后，尽量减少环境因素对皮肤造成的影响，如阳光照射、空气污染和烟尘等。保持健康活力，提高睡眠质量，仍然需要使用防晒霜，建立合理的膳食结构，保持心情愉悦。

关注激素分泌变化

我和巴黎著名的内分泌学家卡特琳·布雷蒙-魏尔博士讨论了激素水平下降对皮肤造成的影响。

布雷蒙－魏尔：

大多数激素都具有促进皮肤再生的作用，尤其是甲状腺激素、性激素（雌激素、孕酮和雄性激素）、生长激素和褪黑激素（有助于调节睡眠）。无论是生理波动（青春期、绝经期、疾病的副作用），还是心理波动（压力、睡眠不足），都会对皮肤状态产生影响。

在围绝经期和绝经期，随着女性的激素分泌减少，对皮肤产生保护作用的雌激素水平大幅下降。这会导致皮肤中的水分和胶原蛋白流失，皮肤不再紧致柔软，变得更薄、更干燥。此外，一部分女性患有甲状腺功能减退症（甲状腺激素不足影响新陈代谢），可能导致皮肤干燥、苍白、暗黄，以及皮肤增厚甚至肿胀。

抗衰老面霜在缓解绝经期激素水平变化方面作用明显。例如，维 A 酸（维生素 A 酸，维生素 A 酸醇，维生素 A 酸醛）和果酸有助于平滑表皮层；维 A 酸还能刺激更深层的皮肤。以抗氧化剂为基础成分的面霜（例如维生素 C、维生素 E、类胡萝卜素、白藜芦醇和多酚）可以减少促氧化剂物质（与环境有关，尤其是日晒）对皮肤产生的有害影响。其他有效成分包括甘油、必需脂肪酸、透明质酸和神经酰胺。

补水：时时刻刻呵护肌肤

"补水保湿的方法因人而异。挑选保湿产品之前，请先了解清楚自己的皮肤类型。"

——赫莲娜·鲁宾斯坦

无论芳龄几何，皮肤正常的水分流失是一个持续的过程。水分充足的皮肤才能持久保持柔软细嫩，一款高品质的保湿霜对于皮肤保养具有非常重要的意义。

无论你需要什么，请先耐心往下读，相信你会发现更多关于法国女性肌肤保养的秘密。

保湿产品类别

不同类别的保湿产品功效和用途各不相同。学会针对自身需求选对产品，避免走弯路，造成不必要的浪费。

- 保湿霜：保湿乳液／保湿霜是一种乳化油，能为皮肤提供屏障保护功能，锁水保湿。

- 抗皱／紧致乳霜：不但具有保湿润肤功效，更重要的是乳霜中富含的活性成分能有效紧致平滑肌肤，抚平小细纹。

- 滋养精华油：某种油的质感是黏腻还是轻薄与其所含的脂肪酸比例有关。滋养精华油中的 ω-6（亚油酸）含量非常高，因此质地轻盈容易吸收。精华油的种类丰富，包括葡萄籽油、仙人掌油、摩洛哥坚果油和玫瑰果油等。有趣的是，最近一项研究表明，痤疮患者体内的亚油酸水平往往偏低，以至于皮脂分泌过于黏稠，导致毛孔堵塞。这就解释了为什么精华油也能对油性肌肤起到平衡滋养作用。

💗 精华液：精华液中含有较高浓度的活性成分，通常具有某种特定的用途。尽管精华液质地比保湿面霜轻薄清爽，但营养成分更高、功效更出色。

💗 保湿爽肤水／爽肤精华液：在洁面后以及精华液／保湿霜之前使用，能为肌肤额外增添补水滋润效果。可以使用化妆棉沾取涂抹，也可以直接将爽肤水倒在手掌心，然后轻轻拍在皮肤上。

💗 温泉水喷雾：温泉水对皮肤非常好。它们来自地下深处，富含矿物质，纯天然不含细菌和污染物，水质柔软，能在皮肤上留下一层舒缓的保护膜。温泉水中富含的各种物质能对皮肤起到不同的养护作用，让每日早晚的皮肤清洁和保养更完美。

💗 面膜：有机护肤品牌 Detox Market 的联合创始人罗曼·加亚尔说过一段很经典的话："好皮肤和美肌肤之间只隔着一片面膜。"每周至少做一次面膜强化护肤，可以让你的皮肤保养效果达到一个新的高度。保湿面膜能为肌肤提供非常出众的补水效果，令肌肤恢复弹性，水润饱满丰盈。膏状面膜与泥炭面膜有助于清洁皮肤深层的杂质污垢；亮肤面膜具有均匀肤色、减淡褐斑的功效；片状面膜是一种注入了精华液、裁剪成人脸形状的无纺布或纸质面膜，眼睛、鼻子和嘴巴部位留有孔洞，敷于脸部，保持大约 10 分钟。通常都为独立包装，每袋一片，便于旅行携带使用。片状面膜中富含浓缩护肤精华成分，保湿滋润效果通常比膏泥状面膜更出色。敷面膜时可以躺下来放松一段时间，有利于精华成分的吸收。

面部补水保湿

"广大的美容爱好者们需要明白的一点是，任何护肤品保养效果的显现都需要一定时间，尽管谁都希望自己手里的面霜能立竿见影，但有些护理的成果只能在坚持较长一段时间后方能显现。所以在这期间，我们还需要采取一些行动。"

——巴黎欧莱雅全球消费者及市场新总监　奥迪勒·莫亨

在法国，备受广大女性青睐的除了美容护肤专家与美学家之外，就是社区的药妆店。你知道吗，在法国，药妆店的药剂师导购都经过专业的皮肤科专业知识培训，能为顾客提供非常专业的指导意见和购买建议，这一点与美国仓储式非处方化妆品店的美容导购有所区别。所以，从小我们就爱去当地药妆店向他们学习美容保养方面的知识，了解哪款乳霜的保湿效果最好、什么产品最适合自己的皮肤类型以及痤疮的最佳治疗处理方法等。如此便利的条件对于培养良好的美容护肤保养习惯自然大有裨益。如今我居住在美国，我常向我身边的朋友们建议，最好拥有一位值得信赖的皮肤科医生，或者向专业美容机构或水疗护肤中心的美容专家们寻求美容保养的指导。她们都欣然采纳！

受益于我母亲在美容护肤方面博学多识，我从青春期开始，就将补水保湿纳入了日常护肤保养的例行程序。当时，我既会使用一些药剂师或皮肤科医生推荐的含有治疗痤疮成分的质地轻薄的保湿霜，也会去社区美容护肤品商店的货架上挑选那些吸引人的非处方护肤品。我常和闺蜜们花好几个小时认真讨论选哪个品牌的产品更好，因为法国人在护肤品营销手段方面很有一套，精美华丽的外包装往往比枯燥单调的化学成分表更抓人眼球。

轻熟期

即便你是油性肤质，仍然需要使用保湿霜。某些祛痘控油的产品往往会让油性皮肤变得很干燥，这时皮脂腺便会分泌更多油脂，于是开始了一个没完没了的恶性循环。间歇性出油和干燥往往会同时出现在脸颊和前额，皮肤表面局部区域过分干燥或油腻的情况非常明显。

应对之策

在保湿霜的选择方面，尽量使用无油、不生粉刺（不堵塞毛孔）且配方和质地轻薄的保湿产品，避免矿脂成分，它们会堵塞毛孔给皮肤带来很重的负担。

我们喜爱的产品

💜 根据皮肤类型／皮肤状况（痤疮肌肤，皮肤干燥），可以选择雅漾、
　　贝德玛、Embryolisse、理肤泉、欧树，以及迪奥乐肤源清润凝霜。

💜 如果你喜欢多效合一的产品，可以尝试 BB 霜（遮盖瑕疵）或 CC
　　霜（调整肤色）。这类产品除了能帮助遮盖肌肤瑕疵、均匀肤色之
　　外，还具有保湿滋润以及防晒功效。例如：理肤泉的 BB 霜或艾博
　　妍的 CC 霜。

💜 我也喜欢 Osmia Organics 精纯面霜，这是一款芦荟基产品，非常适
　　合敏感肌肤使用，以及 Vintner's Daughter 的一款保湿功效出众的润
　　肤精华油。

💜 如果夜间你的皮肤已经完成了彻底的清洁、保湿步骤，就不必每次
　　都使用保湿霜。

绽放期

年龄在 35 岁左右的女性更需要注重皮肤的补水保湿，从而维持
柔软细腻的肤质与净透的自然光泽。

应对之策

为简化护肤步骤，可直接在面部涂抹日霜，或用于精华液之后。
使用面膜。面膜具有非常明显的快速补水保湿效果。富含精华液

成分的无纺布面膜易于使用和清洁。如果在天气炎热的夏季或者室内温暖干燥的冬季使用无纺布面膜，可以先将其放入冰箱中冷藏一段时间再使用，会为皮肤带来清凉酷爽和镇定的效果。

为什么保湿润肤霜对于绽放期女性的意义如此重要？在 35 岁左右，皮肤干纹生长已经固定，即使充分补水也很难再将其消除。不过依然可以使用某些富有生物与机械功效的面霜与之对抗。

具有生物功效的抗皱产品可以通过刺激皮肤胶原蛋白的产生来缓解皱纹，另外也可以通过机械方式在视觉上隐藏干纹。具体怎样做？填充皱纹！不妨将皮肤想象成一堵砖墙，偶尔也可以用填缝法来填补砖与砖之间的空隙，同样的方法也可以用在皮肤上。使用某种具有填充功能的乳霜从视觉上抚平肌肤，即便无法永久去除皱纹，至少可以持续一天的平滑效果。每天涂上一层乳霜，晚上回家洗掉，第二天再涂。

我们喜爱的产品

菲洛嘉精华液非常适合妆前打底使用。但随着季节的变化，有时可能会需要质地更浓稠一些的面霜。我最喜欢的产品有雅漾丰盈补水霜、倩碧水磁场保湿面霜、欧缇丽面部提拉紧致面霜、娇韵诗青春赋活日霜或焕颜弹力日霜，以及雅诗兰黛多效智研醒肤面霜。如果在炎热夏季想要使用质感更清透舒爽的产品，菲洛嘉保湿焕肤霜是非常理想的选择。修丽可臻颜物理亚光防晒霜 SPF50 能有效保护肌肤免受夏日阳光侵袭。

优雅期

雷吉娜：凯伊黛在护肤品质地创新方面堪称品牌先驱者，他们的保湿面霜质地轻薄清爽，毫无厚重黏腻之感，是妆前打底的理想选择。采用小药瓶包装。

应对之策

50 岁以后，皮肤需要获得更深层次的保湿，日常保养过程中便需要使用一些更滋润的面霜，并且只有长期坚持才能看到明显的改善。多给自己一点耐心。正如伊丽莎白·布哈达纳向我解释的那样："化妆品能起到即时修正皮肤补水效果的作用，某些含有柔焦因子、紧致成分与活性成分的化妆产品还可以起到模糊隐藏皱纹的作用。这些只是短时起效的小技巧，它们的意义在于能为化妆品中的生物活性成分深入肌肤表皮层赢得时间，刺激那里的皮肤细胞生成。新生细胞至少需要 21 ～ 28 天才能到达皮肤表面，并且这个过程会随着年龄的增长而有所减慢。尽管去皱面霜的填充机制只能带来抹平皱纹的假象，但至少能在短时期让你的气色看上去更好。与此同时，生物活性成分也会在皮肤细胞中发挥自己的作用。"

换言之，尽管在使用抗皱乳霜的当下便能看到一些立竿见影的效果，但若想获得更深层的实质性改善，至少需要坚持使用一个月以上。

我们喜爱的产品

洛兰： 早上我会使用菲洛嘉维 C 抗倦容密集修复精华素，接下来再使用该品牌的抗皱修颜紧致乳霜。我依然是雅漾的忠实用户。为了在夜间让皮肤焕发光彩更显年轻，我会使用英格蜜儿浓缩鱼子精华素安瓶，这是我的护肤保养诀窍，我称其为"魔法秘技"，因为它能带给我的肌肤一种从未有过的光彩，我已经记不清有多少次它在关键时刻拯救了我的皮肤。我已经使用了将近 40 年。此外，它的持妆效果也很好，还能帮助消除倦容痕迹。

雷吉娜： 过去很长一段时间我都非常偏爱法国幽兰的产品，品质非常出色，尤其是 B21 乳液。现在主要使用的产品还有：理肤泉 Substiane Riche 抗衰老面霜、迪奥花秘瑰萃修护霜，以及欧缇丽的。

│ 美容营养补剂 │

洛兰： 法国人相信，服用营养补剂能起到外用护肤品无法达到的美容护肤效果。现在我就像一根天线，时刻搜寻一切有利于美容护肤的营养补剂产品信息，并且我通常只信赖具有丰富医疗经验的医学专家和皮肤科专家推荐的产品。我试用了 3 个月 Dexsil Pharma Organic Silicium。这是一种有机营养饮品，主要成分是二氧化硅与非洲荨麻。它对我的皮肤、头发和指甲都产生了神奇的效果，变得更强壮结实，关节的灵活性也得到了提升。这是一位脊椎按摩治疗师在看到它给自己的病人带来的好处之后推荐给我的。

雷吉娜： 就在几年前，我开始服用补剂进行美容保健，尤其是辅酶Q10（或 CoQ10）。它是一种类似维生素的抗氧化剂，帮助身体细胞产生能量。人的身体会自然地分泌这种物质，但随着年龄的增长，分泌水平会逐渐下降。对我个人而言，这种补剂很有效。

无论选择哪种类别的美容补剂，都不要自行诊断。适合别人的补剂不一定对你有效，因为每个人身体所需的营养物质和微量元素各不相同。如果你感觉自己身体缺少维生素或矿物质，请先找医生进行血液测试，从而获得准确的诊断报告。

精华液与晚霜

精华液

精华液最早出现于 20 世纪 80 年代，当时是为了满足生活中充满朝气活力的女性群体对于质地更轻薄、不厚重、高效浓缩的护肤产品的迫切需求。

精华液按其功能可分为以下类别：具有修复功能及多种活性成分的油性精华液；补水保湿、缩小毛孔、提亮肤色、美白淡斑以及均匀肤色的精华液；还有单一维生素（如维生素 C）精华液，可以混入其他精华液或保湿面霜中使用。

伊丽莎白·布哈达纳表示：精华液是活性成分最好的载体。假如你有一瓶维生素 C 含量为 20% 的面霜，但若是配方不合理，就算你早晚都使用也不会起任何作用，因为维生素 C 很容易氧化，并且需要深入渗透皮肤才能发挥作用，因此必须针对使用者的特定需求研制合理的配方。对于药物精华，我们寻求渗透、纠正及刺激力强的生物成分；对于面霜，我们更多追求的是保护、营养、润泽以及舒适感。我们不追求精华液质感柔滑，但要确保它能被皮肤充分吸收，不留残余。

精华液的使用方法

根据你的护肤需要选择适当的精华产品。例如，可以在白天使用亮肤精华液（早上洁面后皮肤变得干燥），晚上使用深层滋养精华液（在你晚上洁面后）。精华液应当先于其他护肤品使用，如果你先涂面霜再涂精华液，那么精华液便无法透过面霜被皮肤吸收，从而造成浪费！

自 1982 年雅诗兰黛推出特润修护肌透精华露（又称"小棕瓶"）以来，我母亲一直都是"小棕瓶"的忠实拥趸。这是第一款添加透明质酸成分的精华产品——如今看来或许司空见惯，但在当时却是一款具有革命性的精华产品，它塑造了一个全新的高端护肤品消费群体，对美容产品市场产生了巨大的影响。

至于我自己，我喜欢用娇韵诗美容帝国创始人贾克·古登 - 娇韵诗的孙女普利斯卡·古登 - 娇韵诗推荐的精华产品使用方法，始终温柔地对待自己的皮肤。以娇韵诗双萃焕活修护精华露为例，具体的使用方法是：将精华露挤在手掌上，利用掌心的温度温热精华露，之后将精华露轻拍于脸部和颈部；接下来将手掌轻轻地按在脸上，从下巴部位开始向上推至前额部位，最后再轻轻地按摩颈部皮肤，确保所有的精华露都被皮肤吸收。

晚霜

夜间保养是否始终需要用到特殊功效的保湿面霜？答案是：倾听皮肤的感受。通常情况下，皮肤在一天结束时并不会有缺水的感觉，尤其是在使用过洁面乳或洁颜油之后。在这种情况下，不妨让皮肤保持自由呼吸。如果你是绽放期女性，就需要使用保湿面霜，因为这个年龄的皮肤需要额外补充水分。

我从各领域的美容护肤专家那里学到的是：我们并不需要使用太多的美容护肤产品，尽管它们看起来一个比一个诱人。有时候用得越多并不意味着效率越高或者效果越好。你需要从一种基础的保湿霜开始，并在使用过程中进行调整。如果发现它已经开始起作用，你就会更倾向于继续使用。坚持得越久，效果自然就越好。

在夜间，我会根据皮肤的外观和感觉进行选择。有时候只需要喷上温泉水喷雾就算完成了保养，而有时就需要使用晚霜或护肤精华油来全面滋润脸部和颈部皮肤。我会花时间仔细地一边按摩一边在脸上涂抹面霜，避开眼周肌肤。然后从下巴开始向上按摩一直到脸颊和前额，之后再沿颈部慢慢按摩。

雷吉娜： 65 年过去了，我的皮肤在夜间使用过滋养面霜后变得更好了。这是我多年来从未做过的事情，因为我喜欢睡觉时皮肤上没有任何东西，这样它就可以自由呼吸。从前就算睡前什么都不擦，第二天起床皮肤状态照样很好。但现在肯定需要充分补水保湿，每天早起皮肤才会感觉像熨过一样平滑细腻。

我们喜爱的产品

经久不衰备受青睐的晚霜：娇韵诗焕颜紧致晚霜或青春赋活晚霜、朵法芳香柔润调理膏、欧树植物鲜奶乳霜、娇兰深夜焕肤乳。

如果你喜欢皮肤如绸缎般油润细滑的感受，可以试试亚历山大·索维拉夜间精华油、雅芮绿玫瑰精华油、玛丽莎贝伦森精华油、欧缇丽夜间修护精华油、冰岛生长因子精华，或者雅诗兰黛"小棕瓶"。

为室内加湿　防止肌肤干燥

如果不是生活在热带地区或湿润的气候环境中，干燥的室内空气（家中或办公场所）会对眼睛、鼻子和皮肤产生刺激并导致瘙痒。解决办法很简单——一台加湿器。它不仅对你的皮肤、鼻腔，以及冬季皲裂的嘴唇都有好处；还能防止家里或办公室的木制家具因干燥而油漆开裂，或是墙纸剥落（当然，特别干燥的空气会造成这种情况）。但一定要定期清洗加湿器，否则它会变成细菌的游乐场。在办公室还可以选择使用蒸发器，使用方便又便宜，只需把水烧开变成蒸汽即可；有一些蒸发器还可以配合芳香精油一起使用。蒸发器的缺点是它们容易变得很烫，需要平稳放置在宠物和孩子触摸不到的地方。

追忆：雅诗兰黛

洛兰：真正让雅诗兰黛品牌取得成功的是雅诗的光彩。兰黛公司是最早一批研发生产轻盈薄透型化妆品的美容护肤品公司之一。这种产品近乎透明，在改善肤色的同时赋予肌肤清透健康的光泽。当时雅诗负责倩碧的产品开发监督，同一时期，她还聘请了时任美国版 *Vogue* 杂志美容编辑的卡罗尔·菲利普斯与皮肤科医生诺曼·奥伦特里希合作开发一条皮肤清洁用品的产品线。清新、洁净、光彩熠熠——这就是我心目当中对雅诗兰黛的定义。从这个意义上讲，她真的非常"法国人"！直到今天，我仍然保留着对雅诗清晰而鲜活的记忆。她有着非常独特的个性，当时我跟她一起去纽约第五大道的 Saks 百货公司，她向半空中喷洒香水，然后从这阵香氛雨中穿过。芬芳扑鼻的雾气丝丝缕缕地飘洒停留在她的头发和衣服上，那场景如诗如画般美丽。

20 世纪 80 年代，雅诗经常来巴黎。有一次她邀请我去马克西姆餐厅共进午餐。我记得那天的午餐我几乎一口没动（尽管非常精致可口），因为当时早已被她的魅力迷得晕头转向、茶饭不思。

注重眼周肌肤保养

不管你处在什么年龄阶段，眼周肌肤护理都应该纳入日常保养程序。眼睛周围的皮肤需要额外的细心呵护，是因为它比脸上其他部位的皮肤更薄也更脆弱。更重要的是，这一区域的皮脂腺分泌也比其他部位少，所以比较容易干燥缺水，产生小细纹和干纹。此外，该区域的皮肤下面分布着许多通向眼睛的毛细血管，这也是导致黑眼圈的元凶。

一般来说，皮肤越薄的地方，缺水引起的小细纹就越明显。另外我们平常眨眼、眯眼等表情动作也容易导致眼周产生小细纹。所幸的是，如果你今年30岁，皮肤因为缺水产生了小细纹，可以通过使用保湿霜让它们完全消失。如果你今年35岁或35岁以上，再想摆脱它们就变得相对困难了，因为此时皮肤皱纹已经加深，即使充分补水保湿，也无法完全将其抚平。

雅漾舒护活泉水国家教育及活动经理詹姆斯·基维说："眼周敏感肌肤的保养非常重要，从最开始进行皮肤保养那一刻起就要提上议事日程，从而预防衰老迹象出现。随着年龄的增长，我们需要一些特定成分来帮助促进皮肤细胞再生，刺激胶原蛋白和透明质酸的形成，并通过促进眼部皮肤微循环减少沉着。请注意，这些成分的浓度应当低于面部其他部位使用的浓度。一旦到了40多岁的年纪，就要开始使用面霜。保湿成分能增加皮肤水分含量，乳霜能促进微循环，减少浮肿。"

另一个好处是，当你开始定期使用这些产品，你会发现遮瑕膏用起来更顺畅，因为皮肤更柔软水润。

眼霜是一个单独的护肤品类别，通常价格不菲，但一点用量就能发挥很大作用。如果舍得在顶级品牌身上下血本，定会带给你无比惊艳的使用效果。（奢华精美的外包装会让你觉得自己像个集万千宠爱于一身的小公主，贵也值了。）

我们最喜欢的眼霜产品

欧缇丽紧致提升眼唇精华液、Embryolisse、Environ C-Quence 眼部凝胶、科颜氏、资生堂、雅漾舒缓眼部轮廓霜。如果你喜欢在夜间保养过程中使用眼霜，詹姆斯·基维向你推荐雅漾 PhysioLift 系列眼霜，这是一款具有强效抗老功能的眼霜产品，可以去眼纹眼袋，淡化黑眼圈。

｜ 重视唇部肌肤保养 ｜

有时我们会忽视对嘴唇的保护，细嫩的唇部皮肤很容易被阳光灼伤，常规配方的润唇膏或亚光唇膏具有一定的自动防晒功能，但透明配方的唇彩等除外。不妨在包里和办公桌上各备一支润唇膏，时常涂抹。我喜欢在睡前使用贝德玛的润唇膏，它能让我的嘴唇在夜间始终保持水分充盈。

此外，对唇部肌肤进行去角质护理也能让双唇更显光滑细嫩。我会用牙刷刷毛（不要挤牙膏！）轻柔地去除嘴唇上多余的角质，嘴唇皮肤粗糙干裂的情况也适用。之后再使用润唇膏为双唇补水保湿。

以下这些质地丰润的润唇膏也深得我心：娇韵诗瞬效丰盈唇蜜、贝德玛赋妍保湿滋润唇膏、欧树极致滋养润唇膏。

　　除此之外，还有一款备受法国名模与时尚化妆师青睐的产品：宝弘万能膏。它的膏体丰润厚重，抗菌、修护、保湿三效合一，不仅能缓解唇部的灼热刺痛感，还能长时间滋润娇嫩的双唇，并延长口红的持妆时间。另外，还可以用它为眉毛塑形定型，令双眉更显浓密。具有多重功效又物美价廉的宝弘万能膏是法国女性的秘密美丽法宝。

第四章

度假旅行与皮肤防晒

"阳光与海洋水乳交融交相辉映，即是永恒。"

——阿蒂尔·兰波

每当我闭上双眼，著名调香师让·帕图设计的那款经典的 Huile de Chaldée 防晒霜的美妙气息便会萦绕在我的脑海中。从前，外祖父跟我们一道去旅行度假时总会涂它。产品中添加了昂贵的精油成分以及各种花香料，气味鲜甜温暖又性感十足。它既可以帮助软化舒缓皮肤，又能起到辅助晒黑的效果。Huile de Chaldée 的美妙气息广受青睐，以至于许多顾客购买它的目的纯粹只为闻闻味道。就算我父母也会在家中备上一瓶，以便在日晒美黑时使用。

在我的成长过程中，日晒美黑一直都被视为一种潮流风尚，多疯狂！我最崇拜的法国明星，艳光四射的碧姬·芭铎也无比热爱圣特罗佩的灿烂千阳。过去我常常在家里一边哼唱她的经典名曲《阳光先生》一边晃来晃去。

但不幸的是，每次去某个热门的度假海滨，整天都能看到成群结队的游人在沙滩上享受烈日的暴晒炙烤，你能强烈地感受到他们对阳光的崇尚之情就如头顶的骄阳一般火热。如今的消费者一定要懂得防晒的重要性，不管年纪大小。过多暴露在强烈的日光下是皮肤加速老化的罪魁祸首。同时，如何引导那些古铜色肌肤的狂热爱好者采取安全的方式美黑肌肤，也是当务之急。事实上，没有所谓真正"健康"的古铜色皮肤，日晒导致的皮肤损伤日积月累。或许你在30岁的时候还会觉得自己的皮肤状态不错，但等你到了40岁或更成熟的年纪，你才会发现自己的皱纹、晒斑已经变得如此明显刺眼，皮肤的弹性和饱满质感也在飞速丧失。

享誉全球的巴黎整形外科医生奥利维耶·德·弗拉昂博士告诉我："别晒太阳，就这样！晒完皮肤肯定好不了。当然，皮肤差的原因或许还有抽烟，以及缺少爱的滋润吧！"（你看，他就是个地地道道的法国人！）

脸部（及身体）皮肤防晒

关于阳光的小常识

阳光中的紫外线包括两种：UVA（导致皮肤老化的长波）和 UVB（导致皮肤灼伤、发红、色素沉着以及晒后立马出现表皮损伤的短波）。防晒霜的 SPF 值，或者说防晒系数，只能起到对 UVB 的防护。

无论如何，请尽量避免日光灼伤。UVB 导致的灼伤固然有害无益，然而更糟糕的是 UVA 对真皮层造成的伤害。UVA 射线对我们的皮肤细胞伤害最严重，它们能够穿透细胞内部并破坏遗传基因密码，影响细胞产生优质胶原蛋白、透明质酸和其他蛋白质的能力。

换言之，阳光中的 UVA 射线会改变你的 DNA。

按照理肤泉皮肤科学实验室副主任多米尼克·穆瓦亚尔的说法，有一点需要谨记：任何年龄阶段的人都需要防晒。我们的皮肤不会随着时间的推移而逐渐适应日晒或者说变得更耐晒，它只会不断受损。当然，这种肉眼可见的日晒损伤结果就是我们所谓的皮肤"美黑效果"。日晒和灼伤是导致皮肤癌的直接原因之一。她建议你使用广谱防晒霜，既能抵御 UVA，又能抵御 UVB；而且正确的防晒霜使用量要远远超过你平常习惯的用量。（面部防晒约为 1 汤匙，身体防晒约为 1 盎司 ^①。你可以挤出防晒霜亲眼看看到底有多少。）另外需要明确的一点是，SPF50 的防晒霜并不意味着它的防晒能力是 SPF10 的 5 倍。SPF 只是一种用于衡量防晒霜保护皮肤免于 UVB 伤害的指标，估算你在阳光下可以暴露多长时间而不致被晒伤。举例说明：假设你在阳光下暴露 20 分钟后皮肤便会晒伤，那么 SPF50 的防晒霜保护你免于晒伤的时长则约为 17 个小时（50 倍于 20 分钟的时长），但前提是需要涂抹足量的防晒霜，并且在此期间需要随时补用。

晒伤的另一个迹象是皮肤出现褐色或白色斑点，通常被称为日光性黑子、雀斑、肝斑等。这些斑点或许只是无害的色素沉着，或者是色素缺乏导致的白斑，但你必须保持警惕。如果疏于防护，这些斑点颜色可能会继续变深或变浅。

来自护肤品牌雅漾的詹姆斯·基维说："防治褐斑最重要的一点是保护皮肤免受紫外线侵害，适当使用某些含有淡斑成分的产品有助于减淡色斑。维生素 A 的衍生物视黄醛有助于促进细胞更新，减淡斑痕，改善皮肤外观。"

如果皮肤上的斑点颜色变深，越来越明显，你可以寻求皮肤科医生的帮助，采用激光祛斑或液氮祛斑等治疗方法。最好选择在冬季进行治疗，有利于减少紫外线对治疗后的皮肤带来额外损害。

此外，如果皮肤上有伤疤，需要对其进行额外的保护。可能你已

---

① 1 盎司 =28.349 5 克

经注意到了，通常伤口周围的皮肤颜色比其他部位的肤色更深，这是由炎症引发的，炎症会引发色素产生——皮肤被晒伤时也会产生与之类似的情况。待伤口完全愈合，色素沉积会慢慢自行消退。但如果长时间暴露在阳光下，这些色素沉积便很难消除。因此，使用 SPF 指数高的广谱防晒霜很有必要。

防晒法则

没错，我们都喜欢阳光。它让人心情舒畅，使身体充满活力，能促进身体所必需的维生素 D 合成，对于身体健康的诸多方面都有益处。此外，还有助于褪黑素分泌，调节身体的自然睡眠周期。

法国护肤品牌"碧研"的菲利普·阿卢什博士解释说："适量的日晒对身体有好处，但尽量避免脸部暴露在强烈的阳光下，因为脸部肌肤时刻都受到外界环境因素的影响。"

所以，如果你计划下次去某个阳光灿烂的地方度假旅行，不妨遵照以下规则享受更健康的日光浴。这些规则来自药剂师克莱尔·博塞的建议。克莱尔·博塞工作的药妆店在法国南部，夏季，她每天都能看到很多被阳光晒伤的人跑来店里寻求帮助，这样的损伤本该很容易避免的。

规则 1：3 岁以下儿童禁止进行日光浴。

规则 2：下午 1 点到 3 点之间不要在户外晒太阳，可以选择在上午或者傍晚前去海滩享受日光浴。在夏季，下午五六点钟是去海滩娱乐放松的最佳时间。

规则 3：使用适合自己皮肤的防晒产品，每次下水游泳后，每小时涂一次防晒产品。出门前涂抹防晒霜。如果你肤色很白或者为了避免皮肤癌的风险，可以选择使用长效防晒霜。记住，防晒产品都是有使用时限的，因此最好在每年夏天购买全新的防晒产品，从而获得更有效的防晒保护。

规则 4：许多孕妇在怀孕的第 4 个月前后皮肤会出现黄褐斑。这是由体内激素分泌激增以及黑色素合成增加导致的色素沉着，表现为黑色或灰色的斑点，通常分布于前额中部、下巴和嘴唇周围。这时首先需要戴上遮阳帽，并且涂抹防晒指数高的防晒霜。在涂抹防晒霜之前可以先使用含有祛斑成分的精华液或乳霜。

规则 5：晒伤后需要对皮肤进行补水保湿。

规则 6：如果不遵守第 2 条和第 3 条规则，很可能会被晒伤。晒伤很常见，会给皮肤带来某些不可逆的损害。重要的一点是通过大量饮水来补充皮肤丢失的水分。另外，还可以使用理肤泉的温泉水喷雾来缓解皮肤的灼痛感，几分钟后再涂上可以缓解晒伤的凝胶（Osmo 凝胶在欧洲许多地区均有销售，对于晒伤的治疗效果很出色）。

如果不幸晒伤，在接下来的几天里应当避免晒太阳，并且在夏季剩余的日子里坚持使用防晒指数高的防晒霜。如果晒伤后伴有头痛或恶心等症状，可以服用阿司匹林（首选药品）缓解不适。

通常还可以穿上具有 UVA/UVB 防护功能的服装，包括帽子、T恤、外套等。购买时注意查看 UPF（防紫外线系数）标签，数字越大，防护能力越出色。对于不喜欢涂抹防晒霜的青少年儿童和成年人，这也是一个理想的防晒选择。

皮肤的晒前防护与晒后修复

纽约著名的整体美容护肤专家伊莎贝尔·贝利拥有完美的肌肤，每次听她聊防晒护肤时，我都会认真记笔记。以下是她的建议。

日晒之前，为皮肤大量补充抗氧化剂，从而增强皮肤免疫力。多食用富含维生素 C（绿叶蔬菜，柑橘）、维生素 E（油，杏仁，鳄梨，南瓜，鱼，西兰花）和锌（坚果，菠菜，海鲜，南瓜子）等微量元素的新鲜食物。当然，摄取这些营养物质对身体各方面都有好处。

沙滩日光浴之前半个月以内请避免进行去角质或脱皮焕肤等皮肤护理，也不要使用任何含有较强酸性物质的护肤产品，防止表皮脂受损，从而导致皮肤过度敏感。

避免使用含酒精成分的护肤品，因为酒精对皮肤产生的刺激影响至少持续 3 天。

可在皮肤的晒伤部位涂抹芦荟胶用于缓解晒伤。需要注意的是，某些包装标示为"100% 纯天然芦荟"的护肤品中天然芦荟含量可能非常低，并且还有酒精成分。可以在灼伤部位涂抹使用普通的初榨甜杏仁油，涂抹动作尽量轻柔避免皮肤脱皮。

保持晒伤部位清凉冰爽有利于皮肤的愈合修复。可以使用新鲜的洋甘菊敷一敷，洋甘菊具有很好的镇静消炎作用。此外，罗勒药草冷敷也具有类似的清凉镇定作用。具体操作方法很简单：首先，将药草包浸泡在清洁的过滤热水中（非常重要），之后取出药草包，将药水放入冰箱冷却；准备一些清洁的棉布片，浸泡于冷却过后的药水中，然后拧去棉布中多余的水分，轻轻敷于晒伤部位。必要时可重复冷敷几次。

我们最喜欢的防晒产品

都市女性夏日生活必备：艾博妍毛孔修饰光彩亮肤防晒乳 SPF25，这是一款高防晒指数的多功能护肤产品，非常适合每日在外奔波忙碌的都市女性。乳液的颜色为白色，取一滴在皮肤上轻轻抹开，它就会变成一种带颜色的保湿润肤乳。对于中性至油性肌肤的女性，可以选择另一款防晒产品：修丽可亚光物理防晒霜 SPF50。

很多女性朋友都喜欢参加各种户外活动，或者坐在阳光充足的露台上享用午餐。这时候我们往往很容易放松警惕，不知不觉便在阳光下暴露太久。不妨随身携带一些便携装的防晒产品，包装小巧精致，可收纳于钱包或手包之中：娇韵诗清透美白防晒乳 SPF50、资生堂新艳阳夏防晒粉底液，或者香奈儿美白多重防护隔离乳 SPF50。

无论任何季节去海滩，都需要准备好高防晒指数的防晒霜。我个人喜欢用雅漾、卡尼尔、理肤泉、欧莱雅以及 Supergoop 品牌的防晒霜。另外，我还会随身带上一件紫外线防护 T 恤和一顶很酷的遮阳帽。

伊莎贝尔·贝利和我分享了她常用的防晒方法："我喜欢在涂防晒霜之前先涂上一些精华油，比如若埃勒·乔科的滋润精油，这样可以为肌肤额外增加一层防晒保护。说到防晒霜，我个人强烈推荐 MDSolarSciences 的矿物防晒乳 SPF50，它的优点在于既不会堵塞毛孔，也不会导致肌肤干燥，并且还能让肤色均匀自然，不会看起来一片死白。此外，这款防晒乳的安全性还获得了一家卓有声望的皮肤癌研究机构认可。"

为特殊场合赋予肌肤健康的古铜色光泽

21 岁那年，我在娇韵诗伦敦公司做实习生，那是我平生第一份

"真正意义上的工作",我非常希望能给公司每个人都留下好印象。当时办公室里的每个同事看起来都那么容光焕发,我很想看起来跟他们一样美,但性格过于害羞,不好意思问她们用的是什么化妆品。

当我开始去办公室上班时,已经是晚春时节,我所有的夏季装扮都显得有些过时了。众所周知,娇韵诗品牌非常喜欢启用漂亮女人担任广告模特——不是顶级超模,而是那种极具亲和力与吸引力,让人一见就希望与之成为朋友的女性。当时我每天搭地铁去娇韵诗设在卡文迪什区的办公室上班,因此不得不乘各种各样长长的电梯,上上下下来回奔波。伦敦地铁最有名的应该就数这些电梯了。每次上楼时,我都会注意到兰蔻全新推出的古铜肌肤美黑产品广告。尽管两家品牌可能是商业竞争对手,但看到这些广告时,对于古铜色肌肤的强烈兴趣便在我的脑子里播下了种子!幸运的是,娇韵诗当时也推出了自己的美黑产品。于是在接下来的一个月里,我也拥有了那种泛着金色光泽的古铜肌肤。尽管那个月几乎天天下雨,但我依然很开心。

只在适当的场合或者某些特殊场合使用美黑产品,因为这是一种为皮肤上色的简易办法。美黑产品一度是个很棘手的问题,因为如果涂抹不均匀,你的皮肤上便会留下深一道浅一道的痕迹。对于这些恼人的条纹痕迹,除了等它们自行减淡消退,你别无选择!由于每个人的皮肤对于美黑产品的反应不尽相同,因此需要多尝试几种品牌的产品，从而找到最适合自己的那一款。涂抹时最好不要心急，一遍遍慢慢来，逐渐加深颜色。我的冬日美黑秘诀：假如我需要参加一个特别的场合，但当时脸色又显得过于苍白，我便会在润肤霜里加入适量的美黑产品，混合之后再涂抹。这样既拥有了蜜糖般的金色光泽，又不会露出美黑的马脚。假如你打算几天以后去某个天气炎热且阳光明媚的地方度假，可以在出发前两天事先在脸上涂一点美黑产品。如果希望肤色看起来更深一些，可以隔天再涂抹一次。如此一来，当你到达目的地时，你的肤色看上去就像已经在海滩上晒过了一样，不会显得与其他人的肤色格格不入——希望这样的小窍门也能让你在泳池边少晒几小时太阳。

经过几年的摸爬滚打，如今我涂抹美黑产品的手法已经可谓炉火纯青，无论是在腿上、手臂还是胸部。但假如你还是个蹩脚的新手，不妨向当地美容沙龙或水疗护肤中心的美容专家们求助，她们会帮你获得均匀的美黑效果，再不用担心身上出现斑驳的条纹。

法蒂玛·泽格拉尼的"金手指"

几年前我在纽约结识了当时供职于娇韵诗公司的美容美体专家法蒂玛，美黑是她的看家绝学之一，以下便为大家介绍法蒂玛大师级的美黑手法：

美黑前

♥ 美黑当天不要做美甲、足疗或脱毛等护理。如果你属于中性或油性肌肤，购买凝胶或乳液状产品；如果是干性肌肤，建议使用较浓稠的乳霜配方。

♥ 凝胶或乳液质地轻薄，更易于涂抹使用。

美黑当天

♥ 使用温和的磨砂膏为全身皮肤去角质，之后使用香皂清洁全身，再用清水彻底冲洗干净。

♥ 擦干全身皮肤。

♥ 在脚上、膝盖、手上以及手肘等部位擦上你喜欢的身体乳液或乳霜（这些部位都是身上最干燥的地方，很容易涂抹不均留下痕迹）。

♥ 待乳霜完全吸收后，便开始充分涂抹美黑产品。不要吝惜，确保足量使用，以便后续按摩时产品能够充分渗透。

♥ 在身上一段段依次涂抹，直至涂满全身。

♥ 对于双腿皮肤，可以用较大幅度的动作稍用力涂抹，就像是为腿部做一次放松按摩。使用这样的方法能确保美黑产品完全覆盖腿部皮肤。如果完成腿部涂抹时还有剩余的乳膏，可以将其涂在脚上。

💜 最后用纸巾拍干你的手、肘、膝盖和脚背，去除多余的乳膏残留。

脸部的涂抹方法

💜 按照与之前相同的步骤，使用美黑产品之前，一定要先涂抹保湿面霜（只需薄涂一层即可）。不建议使用精华液。

💜 接下来在脸上涂抹美黑产品，先避开眼周肌肤。待脸部其余部位全部涂抹均匀，最后再用手指小心地涂满整个眼周肌肤，注意不要过于接近或接触到眼睛。

💜 用纸巾轻拍发际线及眉毛部位。

完成涂抹后

💜 美黑产品完全干燥前，尽量不要再触摸皮肤。干燥时间通常需要5 ～ 10 分钟。

💜 涂抹美黑产品当天避免洗澡，第二天再洗。

💜 确保皮肤水分充足，能延长美黑的时效。

特别提醒

💜 一开始动作要慢，让颜色逐渐均匀累积。

💜 千万不要在时间紧迫的情况下仓促涂抹，否则一旦上色不均……世
上没有后悔药。

我们最喜欢的美黑产品

欧缇丽、娇韵诗。对于脸部美黑，推荐使用 Comodynes 品牌的一
次性美黑巾（非常适合旅行度假中使用）。

度假旅行中的护肤锦囊妙计

适合所有年龄段女性

20 岁出头的年纪，能在迪奥品牌巴黎总部办公室工作，于我而
言已是一件美差，而当我得知自己被公司派遣去纽约与迪奥的美国团
队共同实施一个项目时，我的雀跃激动之情就更是溢于言表。就在
我出行前一天，迪奥实验室送来了一款尚处于研发阶段的新款晚霜样
品。他们每次送来的样品都装在一个简单的白色塑料瓶里，瓶身的标

签上印着产品代码——产品还处于研发阶段，自然不会有精美奢华的外包装。

这款面霜膏体呈明亮的白色，打开盖子放在鼻前轻轻一吸，让人喜不自胜地叹出声来，那清香淡雅的味道着实好闻！我往自己的手拿包里塞了一瓶，准备接下来好好体验一番。当我乘坐的航班飞过大西洋上空时，我从这个白瓶子里取了一些乳霜均匀地涂在清洁过的脸和脖子上，皮肤瞬间感觉舒服多了。在之后几个小时的飞行过程中，我也能清楚地感觉到它对皮肤的滋润呵护。飞机抵达目的地那一刻，我相信自己的脸上闪耀着迷人的光彩——一方面是因为当时人年轻；另一方面，就要归功于这个白色塑料瓶，它便是日后推出的迪奥花秘瑰萃夜间修护精华霜。

自打那次旅行过后，每次出门前我都会特别仔细地做保养准备，无论旅途远近；并且改进了飞行途中的护肤习惯——登机前做好清洁保湿，飞行中为皮肤额外补水，并充分按摩面部。

我还有另一个规矩：乘飞机以及到达目的地当天绝不喝酒。为避免浮肿，只喝水与药草茶，直到时差反应消失。

保健专栏作家玛丽-洛尔·德·克莱蒙特-托纳雷是一位才华横溢的记者，之前出版过多本关于养生保健的著作。最近她在我创立的互联网杂志上这样写道：

　　"百里香能提高人体免疫力，每天起床后不妨喝一杯百里香草茶冲剂。它在抗感染方面功效显著，还能在每一天开始时为身体注入活力。另外，柠檬清肝，也是好东西，能让你的皮肤清新透亮富有光泽。

　　"柠檬茶烹煮方法：将1夸脱①清水与一整只柠檬（不要削皮，因为柠檬皮中富含精油）、两根肉桂（或半茶匙肉桂粉）一起加入锅中煮10分钟。之后用叉子将水中的柠檬捣碎，再滤出茶水趁热饮用。肉桂是滋补良品，具有抗菌防感染等特性。"

　　此外，常备一瓶生理盐水鼻腔喷雾剂绝对有必要。我每天都会用它清理鼻腔，外出旅行也不忘装进包里。

　　我母亲总是告诉我："搭飞机当天，我会保持脸部清洁，只在眼部上一点点妆，这样我就可以在飞行途中涂抹保湿霜或润肤精华油。"

我的旅行化妆包

　　包里装着各种平常爱用的护肤品牌的小样或者旅行装，每次旅行结束后都会及时一一补齐，下次直接抓起化妆包就能登机。下列清单中是我的出行必备法宝：

———————————

① 1 夸脱 ≈1.136 升

- 💜 洗手液（小蜜蜂，普瑞来，百瑞德免冲洗洗手液）

- 💜 保湿护手霜（娇韵诗，雅芮）和指甲锉

- 💜 润唇膏（贝德玛，宝弘万能膏）和唇彩

- 💜 药草茶（Kusmi Tea 的排毒茶，Pukka 的排毒茶或清肌茶）

- 💜 零食（大杏仁，85% 黑巧克力用于替代甜品）

- 💜 耳塞和睡眠面膜

- 💜 旅行装面霜（欧树，Pai）

- 💜 飞机降落前薄涂一层粉底液，适量使用遮瑕膏。迪奥梦幻美肌柔润修颜气垫霜的便携装，小巧轻便，适于旅途中随时补妆调整肤色。

- 💜 如果飞行时间超过 3 小时，我一定会事先准备一双压缩袜，它有助于促进腿部血液循环，减少浮肿。

法国美容护肤专家现身说法

普利斯卡·古登－娇韵诗的旅行化妆包

乘机旅行会使皮肤脱水。我的建议是在飞行途中多喝水，使用娇韵诗沁润奇肌保湿乳霜以及娇韵诗富含玫瑰精华的沁润奇肌保温护唇膏。娇韵诗美腿舒柔乳对于缓解腿部疲劳肿胀具有神奇功效。

我在旅途中的美容习惯与平常在家别无二致，因此我会把日常使用

的护肤品全都打包带上，只不过会选择更轻便的旅行装（我的所有护肤品都来自娇韵诗！）关于面部肌肤保养，我使用的护肤品主要有：娇韵诗双萃焕活修护精华露、娇韵诗青春赋活日间霜 SPF20、娇韵诗洋甘菊温和爽肤水、娇韵诗即时眼部卸妆液，以及富含棉籽的娇韵诗轻柔泪沫洁面乳。最喜欢的身体肌肤保养产品是娇韵诗植物精油润体乳和娇韵诗调和身体护理油。至于彩妆，我更喜欢使用天然有机产品，比如能刺激睫毛生长的娇韵诗丰盈浓密黑色睫毛膏、娇韵诗 BB 霜 SPF25，以及娇韵诗亮泽双颊精华腮红。洗发护发方面我常用 Leonor Greyl 水漾顺滑洗发露。

克莱尔·博塞的旅行化妆包

- Konjac 牌海绵扑（皮肤清洁卸妆双效合一）
- 馥绿德雅滋养修护洗发水（用于晒后洗护，减少紫外线、盐以及氯对秀发造成的损伤）
- 贝德玛润妍水润防晒喷雾 SPF30
- 贝德玛润妍水润保湿霜

伊莎贝尔·贝利的旅行化妆包和护肤小贴士

- 雅漾舒护活泉水喷雾

- ♥ 若埃勒·乔科洁面乳

- ♥ 若埃勒·乔科爽肤水

- ♥ 若埃勒·乔科滋润精油

- ♥ 薰衣草精油

- ♥ 一顶漂亮的帽子和一件长袖冲浪 T 恤

伊莎贝尔·贝利表示，在旅途中需要对日常的护肤程序做以下调整：

- ♥ 出发前至少一周以内不要进行任何高强度的皮肤护理或治疗，否则在旅途中皮肤状况容易恶化。机舱环境并非完全清洁卫生，只有保持身体健康、增强皮肤抵抗力，才能应对各种外部环境的挑战。

- ♥ 机舱里空气通常都很干燥，强烈建议不要带妆乘机！因为彩妆用品在这样的环境下会加速皮肤脱水干燥，以至皮肤无法自由呼吸。

- ♥ 每次乘机旅行前，调整好皮肤的状态尤为重要。可以先使用温和的洁面乳彻底清洁面部肌肤，然后涂抹一层滋润的保养品——例如润肤精华油（尽量少使用在市面上购买的湿巾，它们尽管实用，但其中含有令皮肤干燥的化学成分）。使用保湿霜为皮肤筑起一道锁水的保护屏障。质地浓稠厚重的乳霜是防止皮肤水分流失的最佳选择。避免使用含有维生素 A 成分的面霜，否则会加剧皮肤脱水干燥。

❤ 飞机上许多乘客常犯的错误就是：为了缓解皮肤干燥，直接将水喷在脸上。事实上，喷雾或喷水非但起不到滋润皮肤的作用，反而会抽走皮肤中原有的水分，从而变得更加干燥。多喝水，少喷水。

❤ 不要忽视了手部保湿，它们也很容易变干。还有，整个旅程中尽量避免用手抚摸脸部。

❤ 如果必须化妆，请在飞机即将抵达目的或临近降落时再化妆，千万不要在飞行的中途化妆。或许你会担心在经过一段时间的飞行后皮肤会变得黯淡失色，但我敢保证，在你走下飞机那一刻，一定是美丽如初！

❤ 结束飞行旅程后，敷一片滋养面膜，之后再涂上面霜，皮肤定能恢复活力，光彩重现。

第五章

保持年轻肌肤，不求医生帮助

"何谓美？美是一种观念，一种感受，一种欢愉，一种情绪，同时也是一个谜。美的奥秘，仿若时间，无人真正参透；美的定义，可神通而不可语达。"

——让·多梅松《迷途明灯》

即将在本章中登场的人物大多是美容护肤领域身经百战且技艺超群的行家里手。她们不会采用医疗手段在你的脸上扎针动刀，但总能妙手回春，还你一张青春洋溢、艳光四射的脸庞。请耐心细读本章，按照美容专家们提供的方法和建议，亲自动手演练操作。如此美妙的体验，每位女性朋友都值得拥有。

来自巴黎欧莱雅品牌的伊丽莎白·布哈达纳的金玉良言："永远记住一点，保护胜于补救。或许有相当一部分女性在心理上并不认同或接受这一观点，于是也就不难理解为什么各种五花八门的医疗美容注射治疗（诸如肉毒杆菌以及玻尿酸等）如今会受到如此火热的追捧。然而从长远看，即便肉毒杆菌也并非时时灵验——使用剂量必须逐步增加，可能影响甚至改变原有的面部特征，并且效果不会永远如第一次那般惊艳。其他各种医疗美容方法亦是如此。比如玻尿酸美容填充注射，可以紧致脸颊、消纹除皱，回春效果即时可见，但却无法长久地维持效果。尤其是当你注射过于频繁，时间一长皮肤会慢慢出现如泄气皮球一般逐渐干瘪、松垮的趋势……开弓没有回头箭，于是不得不继续加大注射剂量……这就是为什么你会看到某些稍上一点年纪的女性脸上常顶着一对'恨天高'脸颊，极不自然，并且一旦停止注射便会加倍显得衰老。无所不在的重力啊，从不对任何人心慈手软！"

你无须扎针：
眼前就有道彩虹，何必出去经历风雨

正如我在第一章中所提到的，法国女性对美容院有着一生都解不开的迷恋情愫。在我成长过程中最难以忘怀的美好记忆片段便来自埃德里安娜美容院。它坐落在马德莱娜广场附近的维侬大街上，是一座极具巴黎风情的漂亮庭院——绝大多数建筑都有一扇朝向庭院的大门。庭院里很安静，结实厚重的大门将城市的嘈杂喧嚣通通阻挡在外。埃德里安娜美容院由科莱特和乔斯林两姐妹共同掌管经营，室内采用了淡粉色和白色为主的装潢设计，颇具典雅的女性气质，隔间式的个人美容护理室一间挨着一间，我母亲很喜欢去那里。14 岁那年，我生平第一次在母亲的带领下去做美容护理。我还清楚记得那种粉红色质感浓稠的脱毛蜡味道，以及双腿脱毛后光滑细腻的感觉。每次我和母亲一起去做美容，都会聊一聊当天工作中发生的事，顺便在染睫毛的过程中交流一下化妆技巧，店主两姐妹还会为我们推荐介绍当下最新款的防晒产品。这一切让我觉得自己已经是个大人了！

我在这家美容院学到的不仅仅是怎样保养皮肤，我还明白了在美容专家的精心照料下，你整个人身上会发生一种神奇的改变——不仅外表更美丽迷人，内在气质也会显得更优雅自信，落落大方。

更重要的一点是，我学会了将约见美容护肤顾问纳入自己的日常美容习惯，从她们身上获得格外的"娇宠"感受。当然，"娇宠"一词也意味着奢侈与高昂的费用。我们家当地的美容院消费并不高，我宁愿不买新鞋新衣，也不愿放弃去拜访那些似乎具有点石成金魔力的美容顾问。

我的外祖母和母亲都很喜欢去美容院做美容——这一点再明显不过了！

雷吉娜： 20 世纪 50 年代，巴黎有几家很棒的美容院。几乎所有的时髦女性都会去光顾旺多姆广场的伊丽莎白·雅顿美容沙龙，那也是我常去做头发的地方。艺术家和女演员们会涌向赫莲娜·鲁宾斯坦或蜜丝佛陀，这些美容护肤沙龙都位于巴黎最时髦的街区。露华浓的美容院则主营美甲。尽管这些来自美国的美容沙龙装潢豪华精美，时髦程度丝毫不亚于法国的沙龙品牌，然而店里华丽的锦缎沙发与厚实的地毯在掩盖外界噪声的同时，也掩盖掉了一部分美容专家的美学职业素养。

一部分巴黎女性仍然忠诚于法国本土的沙龙品牌，比如弗朗索瓦丝·莫里斯或娇兰等。当你走进娇兰沙龙，你会被"一千零一夜"香水美妙的香味瞬间淹没。这是第一家提供美容护肤服务的沙龙。对于许多女性来说，娇兰沙龙无疑为她们打开了一扇触碰奢华世界的大门。尽管香榭丽舍大街早已今非昔比，但在 20 世纪 50 年代，它却是巴黎顶级的时尚潮流之所在。它奢华优雅，富丽堂皇，时刻吸引着那些乘坐由专人司机驾驶的劳斯莱斯豪华轿车、身穿华贵的裘皮大衣、手拎 Maison Germaine Guerin 鳄鱼皮包的名流贵妇们。到了 20 世纪 80 年代，许多巴黎女性无论在生活方式还是着装打扮上都展现出另一种迷人魅力——"低调的奢华"。如今美容沙龙的格调也与过去截然不同，呈现出一种迎合当代人更自由、简单、随性的审美风格。

法国女性秘而不宣的美丽法宝：
面部美容按摩

我在纽约的朋友总是问我，法国女性是如何拥有如此美丽肌肤的。我告诉她们，我们保守得最好的一个秘密法宝就是面部美容按摩。毫无疑问，这是改善面部皮肤唯一的也是最行之有效的"非侵入性治疗"。

我的外祖母雷吉娜常去伊丽莎白·雅顿沙龙享受美容按摩服务，而我母亲则偏爱英格蜜儿，这家美容沙龙曾为法国前第一夫人克劳德·蓬皮杜夫人以及著名女演员伊莎贝尔·阿佳妮等人提供过服务。时髦的巴黎女性对于自己美容师的名字总是遮遮掩掩，即使最信任的好友也不肯轻易透露。

在法国，面部美容按摩是一种生活方式。幸运的是，如今你在世界各地的美容沙龙和水疗护肤中心都能找到接受过专业培训的美容师为你提供服务。我在大西洋彼岸已经发掘了不少能人异士，其中的一次经历尤其令人难忘。那天我无意间听到一位朋友的朋友大谈特谈某位非常厉害的美容师，与往常一样，长在我头顶的天线一瞬间全部弹了出来，不放过任何一条重要情报。当然，我最后顺利地得到了那位美容师的联系方式并预约了按摩服务。（谢天谢地，美国人毫不吝惜于向朋友推荐自己的皮肤美容专家！）

那位美容按摩师很可爱，我一见到她就很是喜欢。在她为我进行脸部按摩时，我们兴致勃勃地聊起了法国的美容院，闲聊中得知她曾是著名的英格蜜儿美容沙龙一员得力干将，于是我便试探着问她说："那你应该认识我母亲吧，她当时是 *Vogue* 杂志的美容编辑。"

她顿了一下，然后面带微笑地问我："你是洛兰的女儿？"

我笑着回答她："正是。"

之后的故事我想你们应该猜到了，我开始跟她定期预约美容按摩；同时，她也会跟我分享当初她在巴黎那些日子的各种经历，以及与我母亲认识之后一起度过的快乐时光。

就像健身运动能让肌肉更紧致强壮一样，面部按摩也能增强皮肤的保湿能力，改善肤色，让皮肤更显紧致、富有光泽。定期按摩可以刺激面部肌肉，改善因年龄增长而导致的肌肉松弛和局部塌陷的状况。

法国女性如此喜爱面部美容按摩，背后的原因不胜枚举。比如说，按摩能刺激脸部血液循环，从而有利于调整肤色、唤醒脸部光泽；按摩不疼，让人身心愉悦舒畅；按摩完全由人工手动进行操作，绿色环保，不需要借助任何专业（昂贵）设备；长期坚持按正确的方式按摩能带来惊人的美容效果。当然，这也是深受法国女性喜爱且保守得很好的美丽秘诀。难怪巴黎最顶尖的面部美容按摩师的服务对象通常都是法国名人明星。他们都很清楚，经这些美容大师的"金手指"点化，自己的脸会像做了一次天然的拉皮手术，状态好到几乎不用化妆。

下面我将为大家演示并讲解如何在家自行完成简单的面部美容按摩。

听妮可·德诺埃谈按摩

"妮可·德诺埃式面部按摩法"的创造者——妮可·德诺埃是巴黎最负盛名的顶级面部按摩师之一，在过去50多年里一直为法国爱美女性提供独具特色的面部美容按摩服务。她最广为人知的一种按摩方法叫作"拧按法"，大致手法是：围绕脸部椭圆形轮廓按由下至上的运动方向轻轻拧按脸部皮肤直至头顶，以及沿嘴唇两侧线条拧压按摩。妮可的双手会在你的双眉之间、嘴唇上方，以及脖子前后娴熟地游走按摩。

妮可的按摩技术之所以独树一帜，是因为它的主要作用机制是通过"按摩"皮肤而不是"拉扯"来达到抗衰老的效果。"按摩能带动整个循环系统发挥作用，刺激胶原蛋白的产生。如果你肌肉紧张，就很难漂亮；可以通过按摩来缓解消除肌肉的紧张状态，"她解释道，"面部肌肉与骨骼结构密切相关。一个人想要增强身体的肌肉，就需要进行锻炼。而想要增强面部肌肉，就需要进行深度按摩，而不是蜻蜓点水、流于表面地按摩。深度按摩有助于防止皮肤松弛，保持肌肉弹性，恢复紧实。这是唯一一种具有治疗性质的按摩，它更深入、更具活力，而且作用迅速、效果显著。我相信，只有配合按摩，才能获得理想的美容效果。否则就算使用各种昂贵的抗皱面霜，也收效甚微。换言之，补水保湿固然重要，但它永远刺激不到你的面部肌肉，无法使皮肤保持紧致充满弹性。

"四十来岁女性的抗皱良方要数美容按摩。而当那些五十来岁的女性跑来问我'妮可，我该怎么办？'时，我告诉她们我给自己按摩比给年轻姑娘们还要按得多。按摩去皱不意味着能将现有皱纹通通消灭，而是要尽量防止长出更多皱纹。

"最重要的是健康的生活、合理的膳食、高质量的睡眠、充足的休息时间，以及个人卫生。当然，在使用护肤品保养的同时需要进行按摩。若不按摩，它们便很难发挥作用。"

学会自己动手进行面部按摩

与妮可一样，伊莎贝尔·贝利也是人工按摩的坚定拥护者。尽管有各种先进的按摩治疗仪器能帮助皮肤恢复年轻活力，但她依然相信，通过安全有效的人工按摩，能获得更自然、平衡、健康的皮肤。

如果预约不到美容按摩师，也不必感到失望。不妨在自己的日常保养程序中增加几分钟按摩时间。

通常我会选择在周末进行按摩，因为周末早上能比平日里多抽出一些时间；或者选择在晚间洗脸后按摩，要么在浴室要么在床上——如果睡觉前想看一小会儿电视放松一下。

尽量选择质地柔滑的保湿霜，有利于手指在皮肤表面自由滑动，以促进按摩效果。避免使用质地黏腻厚重的面霜，否则在按摩过程中可能会出现搓泥的状况。一般来说，一粒榛子大小的面霜或精华油就能满足面部按摩的需要，之后再取相同用量的面霜或精华油用于颈部和胸部皮肤的按摩。

法式面部按摩

1. 眼周皮肤按摩

仅需少量眼霜即可完成眼周区域的按摩。用食指或中指顶部取一小滴眼霜，轻拍于双眼下方位置，之后沿眼窝骨头处轻轻按压。对于更熟龄的皮肤，可使用一只食指拉紧眼周皮肤，再用另一只指头涂抹眼霜并按摩。

  或者，将指尖放在眼睛下方，轻轻按压，再向上移动至外眼角。之后在眼睛上方重复这个动作，从鼻梁根部沿着眉毛按压至外眼角。

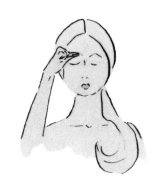

  接下来，顺着眉毛向太阳穴方向揉捏眼周皮肤。

2. 眉间川字纹按摩

  用两只食指在双眉间的区域作十字交叉形或"Z"字形按摩。每日按摩 2 ～ 3 分钟。

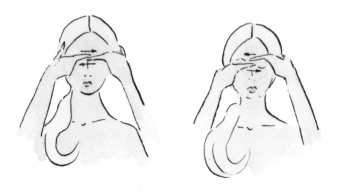

3. 唇部按摩

取用少量唇膏或面霜，用量与眼部按摩一样。先用一只手的食指与中指拉紧左侧上唇角，同时用右手手指滑过上唇进行按摩。之后在嘴唇另一侧重复该动作。

之后在下唇下方的区域进行按摩，这有助于淡化嘴唇上的小细纹。

4. 排水（帮助排出皮肤水肿）

用双手拇指和食指分别钳住下巴，之后各自沿下颚线向上揉捏至两耳处。重复 5 次。

5. 颈部与胸部按摩

两手轻轻捏住下巴下方，即下颌与颈部交界处的皮肤，向上移动按摩至耳朵，从而起到提拉紧致的效果。

将手平放于耳朵下方的脖子上，与下颌线保持平行。然后用手紧紧贴住颈部皮肤并慢慢向下滑动至胸部。滑动过程中，手指尽量并拢，包括大拇指。避免大力挤压甲状腺。

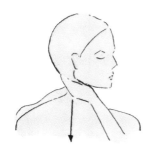

法国女性爱美容

面部美容护理是法国女性保守得最好的美丽秘诀之一，当然，还包括她们的私人美容师。其他国家的女性通常不会像我们这样热衷于做美容，在她们眼中，美容护理的作用显然被夸大吹捧了，不外乎就是深层清洁脸部、补补水、去去黑头，再清理一下青春痘什么的。偶尔做做美容按摩犒赏一下自己倒也不失一种别样美妙的体验，但很少会将其视作日常生活之必需品。

然而对于我们来说，美容护理则是生活中不可或缺的组成部分。我们都懂得，高品质的美容护理不仅能让自己的皮肤保持最佳状态，如果长期坚持，还能累积效果：增加皮肤光泽，改善肤色，消除斑点，减少色素沉着，治疗痤疮，帮助干燥的皮肤恢复水润饱满，甚至减少和防止细纹的出现。在进行美容护理前，美容师通常都会与你详细讨论皮肤出现的问题，分析症结所在，之后再对症下药。希望尝试面部美容护理的女性可以根据自己的喜好和实际需要，尽可能选择一位技艺纯熟、口碑好、乐于倾听且善于沟通的美容师，在自己经济承受范围之内合理消费，相信你们的付出一定会物有所值！美容护理开始得越早，做得越多，你的脸看起来就会越好。其中一个重要的原因（或许你现在已经知道了）便是按摩在其中起到的作用。

对于轻熟期女性，我建议每三个月左右进行一次面部美容护理。对于绽放期女性，可以缩短至每两个月一次。优雅期女性则可以每月进行一次美容护理。通常情况下，定期美容护理之后几周内便会看到明显的效果。

所有的明智选择都写在脸上

美丽、健康的肌肤不仅仅取决于你使用的护肤品和高品质的面部美容按摩，平常多食用对肌肤健康有益的食品也能改善肌肤质量。在过去两年里，我的弟弟和姐姐也开始注重高质量的新鲜食物对于皮肤保养的作用，减少食用面筋及乳制品，增加对植物性蛋白质的摄取，并相应减少动物性蛋白质的食用量。之后他们的外表逐渐开始发生变化，皮肤显得更干净透亮，不再满脸疲态倦容，头发更浓密厚实且富有自然光泽，甚至连眼白的颜色看起来也比以前更白。

以下是我从国际著名功能医学专家乔治·穆顿博士、伊莎贝尔·贝利、妮可·德诺埃，以及护肤品牌"碧研"的菲利普·阿卢什博士那里学到的：

- ❤ 许多人皮肤干燥的原因是他们的饮食中缺乏健康脂肪。健康脂肪存在于植物油中，比如橄榄油和鳄梨富含 ω-9 脂肪酸；杏仁里也有，其中含有丰富的 ω-6 脂肪酸；其他坚果、鱼类和奇异籽中则是含有 ω-3 脂肪酸。这些脂肪酸在维持身体组织润滑以及内分泌功能正常等方面具有重要作用。此外，应避免摄取反式脂肪以及其他在室温下呈固态的脂肪。

- ❤ 少喝含咖啡因的饮料，咖啡因具有利尿的作用，会让皮肤变得干燥。

- ❤ 鱼油是维生素 A 的优质来源，维生素 A 是一种天然视黄醇，有利于整个人体系统维持健康运作。

- ❤ 晚餐时适量饮用葡萄酒，尤其是富含抗氧化物质的红葡萄酒。控制在一杯以内。

💜 柑橘类水果对皮肤有好处。黄瓜富含维生素、抗氧化剂等营养物质。西葫芦水分含量充足，营养物质丰富，带皮食用。西红柿富含维生素 A 和 K，西芹和猕猴桃富含维生素 C。

💜 少食辛辣食物。

💜 维持膳食均衡，保证食物种类多样化。

我们最爱的高级美容疗法——微电流美容

我的外祖母、母亲以及我自己都对这种美容疗法推崇备至，它对我们真的非常有效！因此我将其纳入本章内容，供爱美女士参考，根据个人实际情况考虑是否能接受该疗法。

微电流美容疗法的主要作用机制是通过将电流导入皮肤和面部肌肉，刺激肌肉收紧，从而起到美容护肤的效果，感觉就像做了一个小时的面部按摩。首先，美容治疗师会在你的脸上涂上厚厚的一层导电凝胶，然后将两根带有相反方向电流的按摩"魔棒"作用于你的脸部。整个治疗过程不会产生任何疼痛感，相反，最后还可能进入一种非常愉悦放松的半梦半醒状态。治疗结束后，脸部皮肤看上去就像睡饱了美容觉，散发着青春光彩。

护肤科专家菲利普·西莫南说："微电流能对皮肤和肌肉起到显

著的刺激作用，能有效改善皱纹、弹性流失、松弛衰老等皮肤状况。与人工美容按摩的作用类似，通过刺激体内循环提高胶原蛋白和弹性蛋白的水平。相当于帮助面部肌肉进行锻炼，锻炼得越多，皮肤就越有健康光泽。"

微电流护肤的美容专家卡梅尔·奥尼尔在纽约市经营着一家抗衰老美容护肤中心（Renew Anti-Aging Center）。每个月我都会去她那儿做一次微电流美容治疗，在治疗过程中我了解到：

微电流是目前最有效的一种无创伤抗衰老治疗技术。它通过与人体内的微电流共同作用，调节与提拉颈部、下巴以及眼周皮肤；减淡皱纹及消除细纹，增加皮肤细胞活性；提高胶原蛋白和弹性蛋白水平；修复皮肤晒伤、酒渣鼻、痤疮和黄褐斑；刺激循环、减少炎症，以及消除黑眼圈；增加皮肤含水量，提高皮肤对营养物质的吸收能力。效果立竿见影、即时可见。

为起到更快、更显著的效果，建议每周最好进行 1 ～ 2 次治疗。之后可以酌情降低治疗频率，每 1 ～ 3 个月进行一次，维持疗效即可。

如果不想去美容院，还可以像我母亲一样，在家使用 Nu 面部美容仪自行护理，每周使用 2 ～ 3 次，令肌肤散发诱人光泽。

接受医学美容治疗后的皮肤修护

如今，诸如肉毒杆菌、玻尿酸注射填充、激光或光子嫩肤，以及化学脱皮焕肤等非侵入性医学美容治疗手段越来越受爱美人士青睐。但无论你采取何种治疗手段，是否由具有从业资质的皮肤科医生或整形外科医生操刀，术后皮肤都需要细心呵护。记住，下猛药会让皮肤变得脆弱。激光嫩肤或脱皮焕肤之后，暴露在外的新生皮肤极易受到日晒损伤。因此，选对护肤产品并且正确使用，能帮助皮肤补水保湿，尽快修复愈合。没有人会希望自己的皮肤遭受护肤品中某些成分带来的二次刺激伤害。

雅漾是法国最知名的温泉水喷雾护肤品牌之一，该品牌同时也生产其他种类的护肤产品。（美国药店里也有销售！）从我记事起，我母亲、外祖母和我就一直用它来清洁护理皮肤。据雅漾国家教育及活动经理詹姆斯·基维介绍，该品牌推出的雅漾舒护调理喷雾和修复霜是皮肤科医生和美容师普遍推荐在激光嫩肤或脱皮焕肤治疗后使用的两款安全产品，它们具有抗炎及修护受损皮肤的功效，也是晒伤之后理想的修护产品。雅漾舒护调理喷雾的矿物质含量不高，可以起到软化皮肤、镇静舒缓的作用。而且它的 pH 为中性，不会破坏皮肤本身的酸碱度。另外，它独有的微生物群有助于受损皮肤消炎止痒。

对于不耐受皮肤的术后护理，雅漾的产品也是非常理想的选择，能起到减少皮肤不良反应、舒缓以及修复的作用。

大多数法国女性都不会承认
自己做过整形

雷吉娜： 在 20 世纪 50 年代，外科整形手术并不普遍。如果谁想稍微动点手脚，最常见的部位就是鼻子。很多年以后，女人们才开始慢慢朝其他部位下手。当时最著名的整形医生叫查尔斯·克劳，他非常受欢迎，以至我们谈起某个女人时会说："哦，她找克劳整过鼻子！"

洛兰： 20 世纪 60 年代，我们有了更多整形项目选择。但是大多数法国女性每次都只会找外科医生做一些小修整，然后再一点点增加，很少会一次搞个大动作。她们很谨慎，既不想让别人看出自己脸上动了哪里，也不想让自己的脸看起来像个硅胶面具。

那么，为什么我会在一个并不主张扎针动刀，而是提倡自然健康美容观念的章节里加入关于外科整形方面的内容？主要原因如下：据巴黎最著名的整形外科医生奥利维尔·德·弗拉昂说，有一部分手术项目是针对皮肤出现的某种特殊问题而专门设计的，这些问题往往只能通过激烈的治疗手段来解决，而且通常不到最后一般不轻易采用。因此，对这些治疗程序了解得越多，就越能判断某个整形项目是否适合自己——或许现在就可以做，或许将来再做会更好，又或许永远都不要做。德·弗拉昂并非那种来者不拒的整形医生，他的态度应当明确地让正在考虑整形的各年龄段的女性朋友知道。

正如他所解释的：

不幸的是，现在来找我整形的女性比过去找我的人年轻太多，现在大多是些十八九岁的妙龄女子。事实上，在如今的年轻一代眼里，图像语言才是世界第一语言，这些年轻人早已淹没在图片的泥沼中。但是，大多数图片中的形象都是经过后期修饰处理的，是假的。这些年轻人时刻都在不停地自拍，并把自拍照与她们所追求的那些"完美"形象进行比较，于是开始变得不自信，内心非常没有安全感。她们想要跟图片上那些模特看起来一样，对自己本来的形象完全无法接受。在这个本该满是欢愉的青少年游乐场里，时时处处充斥着尖刻的评价与严苛的要求，简直就是场噩梦！在她们中间甚至形成了某种所谓的"族群"现象——她们穿着打扮一样，妆容一样，发型一样，什么都一样。她们追求雷同，而不是差异。这事儿太可怕了！对这些年轻人（潮人）来说，拥抱百花齐放的美或者彰显特立独行的风格是非常困难的。我认为法国的学校教育体制需要承担一定的责任，它们并没有提倡和鼓励拥抱差异，而是追求整齐划一，千篇一律。

与德·弗拉昂医生这场会面可以说具有醍醐灌顶的启迪意义。当一个女孩儿到了十八九岁，她会效法自己母亲的行为，亦步亦趋。如果母亲去注射玻尿酸肉毒杆菌，她也会要求注射，因为她看到了注射的效果。

德·弗拉昂医生留意到了她们潜藏的这种不安全感，自己的内心也产生了些许隐忧，因此他不得不时常将"不"字挂在嘴边——以至于在一篇对他的采访报道中，文章作者索性将标题取为《"不"医生》。德·弗拉昂告诉我，有时候会有一些很可爱的年长的女士向他抱怨说觉得自己不够漂亮——在周遭男人的眼里不够漂亮，也可能只是因为她们内心一时无法适应或者为此感到有些不开心。德·弗拉昂医生一双火眼金睛经常能敏锐地发现那些潜在的"病人"，但他时常会拒绝某些人的求助。作为美丽"判官"，他会对她们说："你已经非常漂亮了，不需要再动哪里！"他知道她们能听得进去。

"我认为，法国女性与身处其他文化背景下的女性有所不同的是，法国女性不苛求完美，更自然，也更务实。她们能泰然自若地面对自己本来的形象，或者应该说是'独特的美'。在纽约，我有许多客户，尽管她们自身情况各不相同，但都追求'完美'。这是种挑战，是场竞争。身为女人便意味着参与争斗，一切都必须无懈可击。我也经手过不少因为过量注射来找我寻求修复的案例。她们打针打得太频繁，两边的颧骨部位拱得像塞了两颗乒乓球。我管这叫'午餐针'——她们常常选择在午餐时间和闺蜜们结伴去打美容针。一旦超量注射，就很难消退，脸上会一直顶着两颗乒乓球。我能在 3 秒钟内一眼发现 10 米以外的人里头有谁频繁打针，因为看着实在太不自然。还有，一旦出现这种状况，很难修复！"

现在，他又迎来了第二波"病人"，她们大多来自纽约和洛杉矶。尽管这些爱美心切的女士明知过量注射会带来种种危害，然而面对青春与美的诱惑，试问有几个人能拒绝献出一双金贵的膝盖？她们一个个事先做足了功课有备而来，对自己将要面临的考验了如指掌。她们希望保持自己的本来模样，所以会要求做一些更谨慎的手术，主要是眼睑手术。她们希望手术效果看上去尽可能自然，这样就能脸不红心不跳地对其他人宣称："我真的哪儿都没动过呢！"德·弗拉昂医生忍不住哈哈大笑地打趣道。

他很惊奇地发现，某些人在手术后身体恢复非常迅速。为了帮助整形手术患者取得更好的恢复效果，他提出了一条建议：进行淋巴引流，通过轻柔的按压技术，移动已经形成的积液和淤滞，帮助恢复皮肤弹性。另外还需要配合使用一些非处方的祛疤霜，帮助伤口愈合的同时掩盖疤痕，直至疤痕最终消失。此外，还可以适当涂抹凡士林保持皮肤水润。

　　作为美容编辑，我们对整形手术所持的态度是：越不显眼越美丽。最好的办法就是从小处着手，做一些细微修整：调整改善面部轮廓；矫正眼睑，令双眸更明亮灵动；必要的时候可以采取注射透明质酸的方式去消除较深的皱纹。面部微整形给人感觉更自然、清新，不像重口味的整脸拉皮，有时会导致脸部僵硬，甚至毫无表情，失掉了一个女人原本应有的灵动之美。

第六章

浓妆淡抹总相宜

"激情是女人最美的妆容，但化妆品更容易办到。"

——伊夫·圣罗兰

一个法国式完美精致的妆容意味着不断的尝试体验、优质的彩妆产品、一张清洁的脸、少即是多的审美哲学……当然，也少不了彩妆大师的点拨。

我外祖母娴熟的化妆技巧和丰富的经验全靠她自学成才，除此之外她别无选择。20 世纪 40 年代末，外祖母开启了自己的模特生涯，那个年代的摄影棚里根本没有专门的化妆师或美发造型师为模特打点妆发造型，全靠她自己一手操持。于是，好莱坞那些艳光四射、性感迷人的电影明星的妆容就成了她模仿学习的样本——琼·克劳馥迷人的嘴唇、玛琳·黛德丽超细的眉毛以及奥黛丽·赫本的大粗眉；还有艾娃·加德纳的整个妆容，因为她实在太美了。

想想过去的几十年里化妆品潮流发生的巨大变化，也是件很有意思的事儿——不仅是彩妆产品的色彩创新，还有技术的进步。以20世纪50年代为例，当时的法国女性每天都会佩戴帽子和手套，这令她们看起来相当时髦，而且整体搭配也很出色。当时防晒霜还没出现，帽子和手套能够保护她们的脸和手免受阳光伤害，具有同样功效的还有那会儿最流行的一种质感很厚重的饼状粉底。

当然，如今已鲜有女性每天佩戴帽子和手套（尽管我个人非常希望她们保持这样的打扮！）；粉底的质地也变得更加轻薄通透，不但具有出众的遮瑕修饰效果，还不易堵塞毛孔。但是，女性对于口红的热爱之情从未减退半分。

适合所有年龄段女性的化妆小妙招

轻熟期和绽放期

我喜欢在日常生活和工作中保持简单、年轻而精致的妆容。

❤ 首先我会彻底清洁脸部与脖子的皮肤，并且充分补水保湿。之后，先用罗拉·玛斯亚的遮瑕液遮盖黑眼圈；或者在眼睛下方薄薄涂一层 IT Cosmetics 品牌的 ByeBye Under Eye 遮瑕膏，它的质地绵密厚重，遮瑕效果出众，几乎可以遮盖所有的瑕疵。和我母亲一样，我也非常喜欢用圣罗兰明彩笔在脸上的瑕疵部位轻轻点一点——它不仅仅是遮瑕膏，还具有轻微的提亮作用，能让你的皮肤瞬间鲜活生动起来。

❤ 接下来，我会涂抹 BB 霜或粉底液。如今很多品牌的 BB 霜都具有细腻精致的质地，清爽通透，不仅能让皮肤自由呼吸，肤色也更显自然。我个人非常喜欢的 BB 霜或多效合一面霜有艾博妍的或迪奥的梦幻柔润美肌修颜乳液；我最喜欢的粉底液包括 By Terry、Edward Bess 以及阿玛尼的。

如果我选择使用粉底液而不用 BB 霜或 CC 霜，我通常会混搭使用一些其他产品，从而获得更好的妆容效果。对于一些女性来说，尽管使用层层叠加的方法来塑造完美的肤色不失为一个可行的办法，但我更喜欢不同质地与色号的混搭。将两种粉底液混合在一起使用，肤色会变得更臻完美。有时我甚至会加入肤色增强产品，比如雅诗兰黛多效智妍美肌修颜乳、Charlotte Tilbury 奇漾光泽妆前乳或者希思黎至美光采底霜。它们能为皮肤额外增添一丝莹亮的自然光泽。

💗 如果在工作期间无法避免日晒，我会使用含防晒指数的粉底液，比如修丽可、艾博妍以及 Supergoop 的。

💗 如果想要强调颧骨或两颊部位，我会再使用古铜粉和腮红。常用的品牌包括娇兰、娇韵诗、Charlotte Tilbury、倩碧，或者用我母亲的芭比波朗。

💗 最后的点睛之笔是上睫毛膏和口红。我最常用的是伊夫·圣罗兰和香奈儿的黑色睫毛膏，偶尔会用娇韵诗、Tata Harper、希思黎或肌肤之钥的亮粉色口红或唇蜜。

夜晚的社交聚会场合，我几乎各种彩妆产品都会用到一些。

💗 首先，使用精华液或质地轻柔的保湿霜。

💗 接下来，我会使用娇兰或 By Terry 的妆前乳，然后再上粉底。

💗 我喜欢扑一点散粉，但尽量避免使用深色。之后用粉红色或桃红色腮红突出双颊部位。

💗 至于嘴唇，我会先用浅色唇线笔勾勒出双唇轮廓，再仔细将轮廓线以内填满。（这一招是我从外祖母那里学来的！）随后再上一遍口红，这样嘴唇能保持好几个小时不脱妆。

💗 由于当天日间使用的睫毛膏还在，所以这时我只需要让眼睛看起来更明亮——使用黑色眼线笔和深灰色眼影。

💜 周末和丈夫待在一起的时候，我仍然会刷一点睫毛膏，淡淡地上一层粉底液和散粉，为皮肤营造出一丝自然光泽。这样既有女人味，又不会显得夸张。最近我很喜欢用迪奥的梦幻美肌柔润修颜气垫霜，这是一款打造清新妆容，令皮肤光彩照人的完美产品。

法国女性最爱的彩妆

法国彩妆师米里埃·博朗给我的建议是："上妆时下手要轻，越上年纪越得轻。"

以下是我的几位巴黎女性朋友最喜欢的彩妆产品：

脸部

💜 罗拉·玛斯亚秘密遮瑕膏（双色遮瑕盘，用于遮盖黑眼圈）

💜 纳斯亮采柔滑遮瑕膏（质感丰润，多色）

💜 娇韵诗瞬间妆前修容霜（填补隐藏细纹）

💜 乔治·阿玛尼底妆修容液（高光提亮）

💜 娇兰幻彩流星透亮嫩肌粉底液（令皮肤散发自然光彩）

💜 By Terry 双色双头腮红高光修容棒

💜 娇兰粉饼

💜 纳斯多用途修容膏

眼部

🤍 兰蔻广角羽扇防晕染天鹅颈睫毛膏

🤍 马克·雅可布凝胶眼线笔（防水）

🤍 香奈儿、兰蔻以及希思黎的眼影

眉部

🤍 贝玲妃一步到位染眉胶

🤍 Glossier Boy Brow 眉胶（可作填补断眉及修饰眉型之用）

唇部

🤍 希思黎斑马唇膏笔

🤍 香奈儿唇膏

🤍 倩碧"蜡笔小胖"唇膏

🤍 其他亚光唇膏选择：By Terry 专业完美触控唇膏

我母亲的日常妆容

绽放期和优雅期

洛兰： 当我还是个小女孩儿的时候，外祖母总会来我念书的小学接我放学，因为那时母亲每天都要忙于工作。外祖母和我每周都会去一次拉图尔街上的一家化妆用品商店逛逛。店主会亲自调制自己用的保湿霜，还时常向我们推荐最新到的化妆品。有一次特别幸运，我能在店里看她亲手调制粉饼。她会从一大堆瓶瓶罐罐里取出 T.LeClerc 生产的紫色、绿色和黄色粉末，然后把它们均匀地混合在一起，直到调配出与外祖母皮肤完美匹配的色调。之后她再轻轻地把调好的粉末倒进一只圆形容器里，最后盖上一个大大的粉扑。整个过程就像变魔术一样神奇！

1969 年我 19 岁，在美国版 *Vogue* 杂志找了一份短期工作，担任苏珊·特雷恩的助理。苏珊当时是 *Vogue* 驻巴黎站的记者，同时还担任杂志的时装编辑。维鲁什卡是当年炙手可热的顶级名模，常与摄影师弗朗哥·鲁巴尔泰利合作拍摄时尚大片。每次拍片，维鲁什卡都会自己化妆，即便在丛林中出外景也不例外。她化妆的动作熟练敏捷得像只豹子、老虎或别的什么神奇的动物。

有一次，拍摄场地选在尤里郊外的一座乡间别墅。别墅的主人是著名艺术家弗朗索瓦-格扎维埃和妻子克劳德·拉兰纳，他俩的工作室也设在那里。他们先前曾设计过一条带蟒蛇图案的挂毯，弗朗哥把这条毯子放在一片白色的悬崖壁上作为维鲁什卡拍照的背景。弗朗哥也曾给我拍过照片，我至今还记得他当时跟我说的话："永远不要改变你的眉毛形状。它赋予你个性，决定了你是谁。"

维鲁什卡化妆时的画面令我无比着迷，至今仍然清晰地记得她是如何用化妆刷蘸了 Eve of Roma 牌的白色粉饼给眼睛周围的皮肤提亮。她炉火纯青的化妆技艺霎时激发了我心中对美容和化妆的热爱，也成为我选择扎根该领域的决定性因素。

当我在巴黎与戴安娜·弗里兰初次会面后，我再次坚定了这一选择。正如本书前面部分所提到的，她当时下榻在瑰丽酒店一间能俯瞰整个协和广场的套房里。那天一大清早，她已经梳洗打扮妥当：招牌式的深红色口红，闪亮光滑的乌黑秀发向后绾成发髻；一双纤纤玉手已经涂好指甲油，闪闪发亮。在这次短暂的会面中，她邀请我来纽约，答应将我推荐给美国一些成功的美容品牌，并从中觅得工作机会。

当我第一次来到纽约，看到百货公司美容部的柜台上不计其数的化妆品，内心无比震惊。柜台销售人员向我推销介绍化妆品的方式也与我从小就熟悉的法国社区药妆店截然不同。我仍然记得最初吸引我注意的一个化妆品牌——科颜氏，因为它是美国第一家采用药剂师式化妆品销售模式并且取得了巨大成功的家族企业。

在过去的 40 年里，我的日常化妆习惯基本保持不变，唯一的变化就是不断推陈出新的化妆品让我的皮肤变得更加光泽透亮。我是个乐于尝试新鲜事物的人，在 60 年代中期，露华浓有一款非常棒的腮红，名叫"Blush - On"，用一支小化妆刷擦在脸上，非常轻巧方便。20 世纪 70 年代初，倩碧推出了著名的 First in Color 唇彩，装在一个小盒子里出售。蜜丝佛陀的 Pure Magic Lip Gloss 独立小罐装唇彩在当时非常抢手，法国版 *Vogue* 杂志的所有记者和编辑都很喜欢。伊夫·圣罗兰有奢华的浓郁紫红色，雅诗兰黛有 Éclat Doré，露华浓有 Face Gleamer（一款让人容光焕发的腮红棒）。几乎所有女人都兴致勃勃地尝试着最新面世的乳白色、彩虹色、珠光色的粉饼——她们都想拥有与众不同的古铜色或者闪耀着彩虹光泽的皮肤。甚至连我们的嘴唇也因为使用最新颖的唇蜜而变得比以往更莹润闪亮。或许是受到迪斯科风潮兴起的影响，70 年代的美，具有独特而耀眼的光芒。

　　我目前采用的化妆程序：

💜　洁面后首先使用爽肤水或温泉水喷雾，再涂抹保湿乳霜，为后续化妆打好基础。我会根据季节变化选用不同质地的保湿产品：冬季使用质地较浓稠的保湿霜；而在春夏季节，则改用较轻薄的乳液。我母亲和我分享了她从凯伊黛姐妹（巴黎著名的凯伊黛美容品牌的创始人）那里学到的小窍门：如果希望妆面持久不脱妆，上妆前应当避免使用质地厚重或油性的面霜。我也听从了她的建议使用精华液。

💜 最近我在使用修丽可最新推出的一款保湿霜，非常好用。如果不使用遮瑕膏，我会在眼周改用圣罗兰的明彩笔，我有好几种不同的颜色，这应该是有史以来最好的彩妆产品之一。之后我会用小粉刷在上面轻扫一层白色散粉，让眼部轮廓看起来更分明。

💜 画眼妆的时候，首先我会使用中性色或裸色在眼睑部位打底，最常使用的是 By Terry 的或圣罗兰的高定眼部饰底霜；然后再添加一层淡淡的中性色于其上。接下来使用黑色眼线笔画眼线，再按照凯伊黛的化妆师克里斯汀教我的方法上眼影。我总是在寻找不晕染的黑色眼线笔。我不想再染睫毛了，于是改用睫毛膏。我喜欢更浓密持久的睫毛膏，最好是防水配方的，比如香奈儿的炫密睫毛膏。此外我还有一支神奇的玫珂菲防水眼线笔，如果想画下眼线时能用到。

💜 最后我会用魅可的防水染眉膏。我很喜欢 By Terry 化妆品系列创始人特里·德·根茨堡对这款产品的评价："用染眉膏为自己重塑新眉型，你会看到另一种风格——艾娃·加德纳风格，它会自动赋予你这种态度。"

💜 就我个人而言，我不太倾向于使用粉底液。如果必须使用，资生堂的粉底液是最适合我皮肤的产品，但需要用海绵上妆。另外，阿玛尼的 11 号底妆修容液也很出色，能为皮肤带来美妙的光泽感。

💜 我是芭比波朗云雾飞霞粉饼的忠实爱好者。至于是否使用，取决于当天的着装风格，但我通常都会在颧骨部位薄施一层芭比波朗的腮红。如果不使用修容粉饼，我会选择迪奥梦幻美肌柔润修颜气垫霜，之后使用倩碧的"蜡笔小胖"涂在脸颊上，或者用阿玛尼的液体腮红。

💟 我从来不会选择颜色过于艳丽的口红，通常只是用香奈儿、迪奥或者 By Terry 的口红在嘴唇上淡淡涂一层。因为眼部已经上了浓妆，所以尽量弱化唇部。我记得一位著名的彩妆大师曾经告诫我，一个人不应该同时突显两个脸部区域。我选择突出眼妆。

我外祖母的日常化妆程序

优雅期

我外祖母最有名的就是她可爱的红色口红。

从前，每次就餐结束后，如果没有给嘴唇补完妆她绝不下餐桌。如今她会兴致勃勃地对我宣称自己的化妆程序比过去简化了很多，适合推荐给所有她这个年龄阶段的女性。

雷吉娜： 随着年龄的增长，肤色变得暗沉，色斑也更明显，因此均匀肤色非常重要。可以使用不同色调的遮瑕膏，但在使用前要确保皮肤滋润。浅米色有助于遮盖色素沉着和黑眼圈，只要黑眼圈颜色不是特别深即可。对于泛蓝色的眼周皮肤，可以使用橙黄色。绿色可以中和红色。不同色调的米色有助于掩盖倦容，而浅紫色有助于遮盖褐斑。

涂完遮瑕膏以后便可以上粉底。我总是选择质地很轻薄的产品，比如资生堂的粉底液，以免为我日渐松弛的皮肤增加负担。我只使用适合自己的产品，用海绵或彩妆刷涂抹粉底液是一个小妙招，不会影响我刚刚完成的遮瑕效果。

接下来，我会在脸上涂一些腮红，这样气色会显得更红润。我现在会尽量避免较深的腮红颜色，但在夏季的几个月里，我仍然喜欢扫上一抹芭比波朗的古铜色。

至于眼睛和眉毛，我会用眉笔重塑眉型，从而获得更平衡的效果。我个人偏爱黑色睫毛膏，不过我推荐使用棕色，因为棕色更柔和，不刺眼。

我必须承认我到现在仍然非常喜欢涂睫毛膏。我喜欢把它轻轻地放在眼睫毛的根部，这样眼睛看起来更有神，更显年轻。

最后我用一支与口红颜色完全相同的唇笔一笔笔固定唇形，防止颜色晕染散色。我喜欢使用更浅更鲜亮的口红颜色，因为太深的色调会让人显老。口红质地不能太油腻，因为随着年龄的增长，嘴唇四周的皮肤上会起一些细小的皱纹，所以小心不要让口红渗入皮肤皱褶导致花妆。

现在流行的妆容比起我们年轻那会儿要自然得多。在过去那个时代，上妆之后基本就是一张粉扑扑的"假脸"。在我刚进入模特圈的时候，根本没有腮红盘和修容粉这类轻盈通透的彩妆产品。随着年龄的增长，我很高兴既能拥有全面遮盖修饰的效果，又不会让妆面显得过于沉闷厚重。我了解到，随着女性年龄的增长，皮肤吸收化妆品的能力会逐渐下降——化妆品往往只浮在皮肤表面，很难被吸收。女性的皮肤在绝经期以后会变得干燥，失去弹性，因此需要相应地调整化妆程序，以便减少衰老痕迹，为自己保留一丝青春的光彩。

还有另一件事在当年也是无法想象的：如今你可以轻而易举地获得化妆造型专业人士的建议指导，但是在 1947 年我刚开始从事模特职业那会儿，根本没有专门的化妆师或美发造型师为我们打理造型，只能自己一手包办。我经常和欧文·佩恩的妻子丽萨·冯萨格里夫斯共用一间更衣室，她比我年长一些，我们的妆容也不太一样。直到 1944 年丽塔·海华斯主演的电影《封面女郎》上映，才有了所谓的杂志封面女郎，并且只是在美国。当时法国还没有这个概念，只有时装店模特——时装设计师为客户展示新一季服装的室内模特——为摄影师拍照摆造型。20世纪 50 年代也没有液体眼线笔，我们只好用颜色很深的炭笔来代替，妆容效果自然不如今天用眼线笔画出来的那样精细。我现在很喜欢的圣罗兰睫毛膏当年也不存在，能用上英国的芮谜睫毛膏已经很了不得。那时候的睫毛膏也不像现在是装在管子里的——它们的形状像压缩饼干，必须先用唾液将其溶化一部分，再用化妆刷蘸取使用，这样才能获得相对出色的眼妆效果。

那时我们还用过许多散粉，尤其是 T.LeClerc 牌和 Caron 牌的，它们都是当年非常有名的化妆品牌。早上我会先用伊丽莎白·雅顿或幽兰的清洁爽肤水，等爽肤水干了以后再抹一种很清爽的乳液滋润皮肤，之后扑上散粉避免脸上泛油光。在当时，脸上的皮肤必须呈现亚光质感，不能带有光泽。我们也从来不用软毛刷上粉，都是用柔软的天鹅绒制成的大大的粉扑，小心翼翼地蘸取散粉涂在脸上和脖子上。这是二十世纪四五十年代必备的化妆用品！

我还从凯伊黛姐妹那里学到，如果想要长时间不脱妆，就不能在脸上涂抹厚重或油性的面霜，最好使用质地轻薄的乳液（如今我们会使用精华液）。否则，随着夜晚的时间一点点过去，多余的水分会停留在你的脸上，妆容效果自然不会如你所愿。

"妙巴黎：不只是法国人的，更是巴黎人的！"

这是法国化妆品牌"妙巴黎"1922 年刊登在《纽约世界报》上的一则广告语——这话在当时有多真实，现在就仍然有多真实！

我还清楚地记得自己第一次买到妙巴黎腮红的美好画面——那

时我只有十几岁，我和我的朋友们都被那些可爱的扁圆形小罐子迷住了，它们的外形让我联想到马卡龙！

妙巴黎价格亲民，在社区商店里占据了很大一片陈列展示区域。五彩斑斓的妙巴黎确实妙不可言！

许多年以后，我读到了瓦莱丽·万格尔文尼与伊丽莎白·德·费多合著的《妙巴黎——始于 1863 年的法式美丽风情》，这是一本讲述妙巴黎前世今生的品牌传记。妙巴黎生产的第一款化妆盒有一个相当贴切的名字——"女士之友"，小巧精致的盒身能轻松地放进女士的晚宴包，并且可以随时以骄傲的姿态展示于众人眼前。在当时，这款化妆盒的另一个设计巧思也令人难以抗拒：盒盖内附一面小镜子！妙巴黎自此开启了一段伟大的品牌发展旅程。

勤学多练善梳妆

洛兰：好些年前，有位朋友无比坦率地当面指出我眼妆的不足："你眼线没画准，本该画得更好看的。没事多跟专业人士取取经，你的妆肯定会更美！"

她的话立马让我抬不起头来，尽管我觉得没必要这么直白，但实际上她的坦率帮了我一个大忙，让我意识到自己确实该好好上几堂化妆课了。尽管我母亲很擅长打理自己的妆容，但我对自己想要的妆容一直都很有主见。坦白说，之前没人正儿八经坐下来教过我化妆。

于是我向凯伊黛的化妆师克里斯汀求助，我俩是旧相识。我18岁那年就认识她了，当时我父母在红磨坊为我举办了"Parisian debutante"舞会①，克里斯汀负责化妆，那时她的事业刚刚起步。

她先询问了我喜欢什么风格的妆容，之后在我的半边脸上一边描画演示一边讲解每个步骤，而后我按她教的每一步在自己另外半边脸上依葫芦画瓢。我脸上的变化之神速，连我自己都感到惊讶。我没有使用传统眼线笔，而是用黑色眼线液或黑的眼线蜡笔来突出眼线的线条。最重要的是，要在朝向外侧的眼皮皱褶处涂上灰褐色的眼影，这要是放在从前我可不懂。我的整个眼睛瞬间变得神采飞扬起来，更像是一种晚宴妆容，当然，这取决于当天的时间、场合以及眼影色彩的浓淡。更棒的是，我下笔越来越准确快速。正如克里斯汀所说："学化妆跟学做菜一个道理，不要指望一次就会。练得越多，手法就越娴熟，画出来的妆也自然就更美。"

本书中我采访过的所有化妆大师都一致认同：如果选对了化妆老师，只需一堂课，就能让你茅塞顿开、受益匪浅。从长远来看，也物超所值，因为你不会再冲动购物，不会再在不适合自己的彩妆用品上

①　法国上流社会女子初涉社交界的聚会

白白浪费金钱。

要找到合适的化妆师，最好的办法就是跟身边的朋友多交流，或者去百货公司化妆品部。大多数柜台员工都接受过专业的化妆培训，有的品牌还会安排专职化妆师为顾客提供服务，而且向她／他们学习讨教基本都是免费的（当然你也可以事后买上一些美妆产品表达心中的谢意）。当然，要找到一位适合自己的化妆师可能需要费些时日，但这不也是乐趣之所在吗？

正如我母亲所言："一位出色的化妆师给你的建议是无价的！化妆师们懂得如何为你的皮肤挑选最适合的色彩与产品——这是一门艺术，并非人人擅长，他们切切实实能帮到你。"

三言两语"话"蛾眉

我母亲总喜欢说，坚决不能拿镊子拔眉头部位的毛。它赋予你独特的个性，定义你是谁。

尽管修眉拔毛很诱人，但也时常会因拔得兴起失了分寸，导致修眉过度。如果失手，可以给眉毛3个月生长期，完全恢复原本的自然形状。使用斜角镊子沿眉线拔毛，并明确方向。

如果眉毛稀疏或有断眉，可使用眉笔小心翼翼地为其补色。或者使用睫毛膏刷眉，效果不错，虽然只是暂时的。

理想的修眉工具

- 透明睫毛膏（Glossier）

- 染眉膏的颜色要与妆面整体色彩协调一致（By Terry）

- 罗拉·玛斯亚深褐色双效粉盘

- 凯文·奥库安的眉笔和希思黎植物塑型眉笔

- 一支高品质的镊子（Vitry）

- 专用眉刷（魅可，芭比波朗）

善其事，利其器

化妆前需要选择适当的彩妆工具，选对产品能帮你获得更出众的妆容效果。关于这一点，看看专业化妆师就知道了。

彩妆工具价格相对便宜，而且经久耐用。基本上，你需要的就是各种尺寸的海绵、化妆刷（如果涂眼影、眼线或者唇膏，可以选用小一点的化妆刷；上粉底和腮红可以选择较大的海绵或软毛刷）和镊子。我最喜欢 Vitry 品牌的镊子，这家法国公司从 1795 年就开始生产镊子。

与彩妆产品一样，多试用不同品牌的化妆刷，你就知道哪个品牌的化妆刷手感更舒适，哪个操作起来更得心应手。

我从化妆师米里埃尔·博朗那里学到的小妙招："去艺术用品商店购买化妆刷，那里有不同尺寸和价格的优质化妆刷供你选择。如果你购买廉价化妆刷，放肥皂水里洗一洗就会大量掉毛。"

娇兰彩妆艺术家兼创意总监奥利维尔·埃考德玛森也有同感："过去的粉底质地比较厚重，所以化妆师会使用海绵上粉底。我个人更喜欢用软毛刷上粉底，皮肤就是我的画布。

"上腮红或修容粉时，刷头越大，涂刷效果越均匀。最好采取多层薄刷的方式，不要一下糊上厚厚一层，否则妆面容易出现裂纹。"

就我个人而言，海绵和化妆刷我都喜欢用。资生堂与旗下"肌肤之钥"的化妆海绵最适合上粉底以及修颜霜等产品，至于化妆刷，我最喜欢芭比波朗和 Antonym 的产品。

化妆刷和化妆海绵的日常清洗

将彩妆刷放入温热的肥皂水中（或者在温水中加入适量洗发水）洗去刷毛中的化妆品残留，之后用清水彻底冲洗干净。清洗过的化妆刷不要将刷毛朝上直立摆放，否则刷毛中剩余的水分渗入木质刷柄，久而久之可能导致刷柄变形。可以尽量拧干刷毛中的水分，再将其平放，自然晾干。

至于化妆海绵的清洁，来自凯伊黛的化妆师克里斯汀建议："首先将海绵浸泡在肥皂水中，待海绵中的化妆品残留松脱分解后，再加入清洁剂揉搓海绵，彻底冲洗干净。之后挤出海绵中的水分，自然晾干。"

巴黎人的时尚圣殿——乐蓬马歇百货公司，满足你对美与时尚的一切想象

1852 年，全世界第一家百货公司——乐蓬马歇百货公司正式开张迎客。它坐落在巴黎最时髦的第 6 区和第 7 区之间，是巴黎左岸艺术生活的象征。

每次有机会回巴黎我都无比开心：可以尽情逛逛乐蓬马歇百货公司，再与美妆部的老大——才华横溢的玛丽-弗朗索瓦·斯图尔见面。这个女人很懂美。1979 年，玛丽-弗朗索瓦正式进入乐蓬马歇百货公司工作，到 1992 年，她已经稳坐美妆部的头把交椅。面对当时异常激烈的市场竞争环境，她不得不重新思考公司未来的经营发展战略。为此她曾向纽约的百货公司取经，因为当时的美国百货公司无论是在美容护肤产品的市场定位还是营销理念方面都遥遥领先于法国。她做出了一个开创性的大胆举动，将彩妆品牌芭比波朗引入法国，尽管当时她仍然代表的是一众法国传统美容化妆品牌。

根据玛丽 - 弗朗索瓦的观点，在过去几年中，美容行业最大的革命已经不仅在于色彩选择的多样化，而且还包括了更具现代特色的化妆品质地（更轻盈通透，同时又能确保完美的遮盖力），以及更天然的美妆产品，更不必说诸如化妆刷、化妆海绵等一系列彩妆工具的创新。

她告诉我："在为自己挑选最好的化妆品之前，先要养成良好的化妆习惯，这很重要！（我想你们现在应该都已经体会到了！）

"如果你坚持做好皮肤的清洁保养，打下良好的皮肤基础，哪怕只是轻轻扫一抹腮红，也会立刻显现红润气色与夺目光彩，因为你有美丽肌肤这个强大的后盾！"

尽管乐蓬马歇百货公司诞生于巴黎，但不可否认的是，如今它早已跃升成为代表巴黎优雅风格与时尚之美的国际化象征。

化妆艺术永流传，彩妆产品却非恒久远

关于化妆品的使用期限问题，伊丽莎白·布哈达纳给出了参考建议：

彩妆产品种类繁多，某些产品直接与皮肤接触，比如口红。一旦有接触，就有细菌滋生的可能。所幸的是由于口红中不含水分，因此细

菌繁衍生长的可能性较小。即便口红表面有一些细菌，也无伤大雅。因此，口红可以使用很长时间。但如果出现变质和异味，就应当立即扔掉。

而粉底类产品的变质问题，通常不是产品本身造成的，更多的是与之直接接触的彩妆工具——海绵或化妆刷等受到了细菌污染，因为每次涂抹彩妆产品时，都会有一些死皮细胞、皮脂和化妆品残留物留在工具上。所以，每次化妆后都需要彻底清洗彩妆工具（或者使用全新的工具）。长期不清洗的海绵和化妆刷无疑会成为细菌们的迪士尼乐园。

至于眼线笔，使用期限长短并不重要。如果你每天都用，一两个月就能用完一支。

最好不要使用化妆品店里的公用样品，因为你不知道之前都有谁使用过！（好在像丝芙兰这样的美妆商店会在柜台提供棉签、纸巾和清洁剂，使用条件更安全卫生。）

一般来说，用手取用彩妆用品前请先洗手。另外，即使你白天没有化妆，也应该在晚上彻底清洁脸部肌肤。

某些生活在气候炎热地区的人会将自己的面霜放在冰箱里储存，但如果室内有空调，就没必要放冰箱。影响化妆品保质期的主要因素是温度变化。化妆品应当置于阴凉干燥处，避免高温，远离阳光直射。

| 两位法国顶级彩妆大师的金玉良言 |

全球知名化妆品牌娇兰公司的创意总监、顶级彩妆大师奥利维尔·埃考德玛森在 20 世纪 60 年代与明星美发造型师亚历山大一道开启了自己的美发造型师生涯。那时他常看名模崔姬以及其他当红的封面女郎们化妆，之后很快就成了这些模特儿们最爱的化妆师。之后，他又受聘于诸多举世闻名的杂志社，联手著名摄影师拍摄杂志大片。他合作过的摄影大师包括理查德·阿维登、赫尔穆特·牛顿、盖伊·布尔丁、诺曼·帕金森以及大卫·贝利等人。他还与全世界最美丽的女人们一起工作过：格蕾丝·凯利、奥黛丽·赫本、索菲亚·罗兰、艾娃·加德纳、杰奎琳·肯尼迪以及罗密·施耐德。他见过的最漂亮的女人是谁？当属无可匹敌的伊丽莎白·泰勒。

真正让我在 20 世纪 70 年代声名鹊起一跃成为明星化妆师的人是英国皇室的御用摄影师诺曼·帕金森。当时他邀请我与他一道去白金汉宫为英国女王 21 岁的女儿安妮公主拍摄她的第一张官方照片。但我需要匿名工作，因为我是法国人。从那以后，安妮公主的订婚仪式、结婚典礼以及孩子出生以后的照片拍摄都由我担任化妆师。对此我非常谨慎，因为英国皇室不希望媒体知道安妮公主的化妆师是个法国人。然而消息不胫而走，一时间我在欧洲贵族圈里名声大震，几乎所有的公主都邀请我为她们化妆。我还与杰奎琳·肯尼迪合作过很多次，担任她的美发造型师和化妆师，因为当时除好莱坞电影圈以外鲜有专业化妆师。

大多数欧洲女性对于妆容的要求是恰到好处，这里画一点点，那里再加一点点就好。而许多亚洲女性则相反，尤其是日本女性，她们喜欢更张扬的妆容，渴望吸引周遭所有人的目光。而对于美国女性来说，二者皆有，要么偏爱妆容淡雅自然，要么就走向另一种极端——浓妆艳抹，通常没有折中于两者之间的。

法国女性不喜欢自己的脸有过于强烈的修饰感，会想尽一切办法让自己的肤质显得完美无瑕，她们是真的非常在意自己的皮肤，妆容通常也难以察觉。然而另一方面，法国女性也确实喜欢展现迷人的性感魅力，所以她们偏爱的是——烈焰红唇，但不咄咄逼人。她们喜欢涂彩色指甲油，尤其是在脚指甲上。眼影通常用褐色、米黄色、灰色等，不会出现大红大绿鲜亮饱满的色彩。这是眼皮，不是彩虹！画眉吗？是的。但不喜欢假睫毛。染眉吗？是的。涂睫毛膏？必须的！法国女性，尤其是巴黎女性，不刷睫毛膏不涂口红是不会出门的。口红具有复杂的表达形式，或许其他人需要花上好一阵子才能理解。随着一年四季的交替，每日辰光的变换，口红的色彩也需要与之交相辉映。就好比……为脚上的鞋搭配一款合适的手袋。总体而言，法国女性会尽量让自己的妆容显得真实自然，她们不想把自己画得像另外一个人，也不希望跟身边的人"撞妆""撞脸"。在法国女性当中，渴望自己变得像某位名人的文化并不多见。

化妆品演进史

过去的化妆品大多很难用，如今的彩妆产品最突出的优点就是在质地方面的改善，尤其是粉底类产品，不但轻薄细腻，遮盖效果也相当出众。当然，最重要的还是要拥有光滑细腻的好皮肤，不管你是什么年龄的女性。你的皮肤上写着你是谁、你每天吃了什么和做了什么。我有很多客户常常假装自己不吸烟，但是只要她不化妆，我就能一眼分辨出谁抽烟谁不抽，二者的区别非常明显。

奥利维尔·埃考德玛森的黄金法则

最好的化妆方法是多喝水，排出体内累积的毒素。

化妆时不要贪心下狠手，你并不需要来回涂刷四五层睫毛膏，粉底也一样。假如你今年 20 来岁或者 30 出头，不施粉黛或浓妆艳抹都没问题，随自己喜欢就好。但假如你已经到了一定的年龄，最好避免夸张的妆容。

40 岁左右的法国女性懂得什么最适合自己，因此妆容通常都会更淡一些。谁都希望自己看起来更年轻漂亮，如今她们即使不注射肉毒杆菌也能看上去比实际年龄更年轻。

60 来岁的法国女性通常不化妆是不会出门的。这个年龄段女性的皮肤光泽已经渐渐黯淡，皮肤弹性也大不如前。这时，考验化妆技巧的时候就到了。多使用浅色系，尽量避开黑色。海军蓝或棕色是不错的选择，它们会让你的妆容更清爽淡雅。一个 20 出头的女孩可以顶着火星人一般的妆发造型去看秀，在这个年纪，她可以随心所欲地尝试一切，但年长一些的女性更谨慎些为好。

口红适合所有女性。我从未见过哪位好莱坞女明星不涂口红就出门上街。口红具有一种奇特的魔力——假设某天你流落荒岛并且只能带一样化妆品，那一定是口红。

如果晚上要出门，尤其是下班后需要即刻外出参加社交活动，可以在脸部 T 区位置扑一些粉，这点很重要。因为 T 区部位最好保持柔和的亚光质感，千万不要油光锃亮。如果你希望自己的妆容持久，一整晚都光彩照人，妆前请不要使用油腻厚重的面霜，尤其是参加香槟酒会这样的场合。多留意面霜的质地——妆容效果总是与质地密切相关。如果使用了非常滋润的面霜，之后必须扑粉，但粉不要上得太厚，否则可能会浮粉脱妆。

此外，晚妆尽量避免在眼睑上涂擦过于夸张的颜色。蓝绿色、乳白色或深蓝色用于白天的妆面时效果不错，但到了夜里就一言难尽了。如果只是去家附近的小饭馆用餐，过于鲜亮的口红颜色多少会显得浮夸。假如脚指头上涂了红色指甲油，不妨在嘴唇上抹一层质地介于口红和唇蜜之间的透明彩色唇膏，这样看起来会更漂亮。在唇色的映衬下，更能凸显双眸的灵动之美。最后，你的微笑会让一切闪闪发光。

记住，无论是自然光还是人造光，光线都会随每日时间的推移而变化。白天的妆容到了夜晚可能就完全是另一种效果。此外，不仅需要考虑光线变化，还要顾及季节变换。化妆的诡谲之处就在于：不是非它不可，却又不可或缺。

凯伊黛的彩妆造型师克里斯汀

1969 年，19 岁的克里斯汀开始为凯伊黛担当彩妆造型师，如今她的事业依然开展得风生水起。为了让法国女性变得更美丽优雅，她将自己一生的精力与时间都奉献给了这项创造美的事业。以下是克里斯汀的美妆锦囊妙计。

一部分女性喜欢精致的装扮，而另一些则更偏爱自然随意的外表。如今这一代女性大多喜欢看似薄施粉黛的妆容。放眼看去，无论社交名媛还是网红，每个人脸上无一不是费尽心思精雕细琢过的艳丽妆容，生活中实在很难每天都这样全副武装。这就是矛盾之所在。尽管她们都表示希望自己看起来更清新自然，然而照片一打开，永远是一副浓妆艳抹、火力全开的模样。例如，脸部浓重的轮廓阴影上镜效果佳，但不适合日常生活。画一个完美的烟熏妆不但费时费力，还难以长久持妆。

我最喜欢的彩妆工具是高品质的化妆刷，用得最多的牌子是玫珂菲的，因为有很多选择。

为了持妆长久，要避免在妆前使用过于油腻滋润的面霜。我个人爱用精华液为妆前打底，出来的效果很完美。我喜欢用化妆海绵上粉底，因为化妆刷很难将粉底涂抹均匀。另外，持久粉底液容易在一天结束时留下痕迹，所以我更喜欢使用普通粉底液。上完粉底之后上眼妆。谈到眼部彩妆，粉状眼影和 Kohl 眼线笔最持久。尽量避免使用防水睫毛膏，一方面是因为很难卸妆；另一方面是长期使用容易磨损睫毛，因为必须用力摩擦才能彻底卸除。另外，少用假睫毛，因为它们会让你的真睫毛变得脆弱。

我个人倾向于染睫毛，效果很好，并且能维持很长一段时间。

日妆改晚妆：取一片清洁的化妆棉（不需要卸妆液）轻轻涂抹嘴唇，卸去大部分颜色，然后在眼部进行同样的操作，留下淡淡一层颜色作为晚妆的底色，之后再上妆，这样持妆会比全部卸干净再化更长久。就我个人而言，通常都不卸妆，如果晚上要出门，就在原来的基础上补化。当然，睡觉前我肯定会把它们卸得干干净净。

别忘了眉毛，它们对于调整和修饰脸部轮廓线条非常重要。另外，只要能让你的眼睛变得又大又亮，你可以尽情发挥。我喜欢在眼睛下方涂一点浅色粉底液来代替常用的遮瑕膏。

如果你对自己的皮肤肌理不满意，不要使用粉饼，可以用手指涂抹粉底液。

我喜欢将不同色调的粉底液混搭使用，效果更完美。

如果你经常化妆，自然就会习惯脸上带妆的感觉，自然会更加小心。如果只是偶尔为之，那么你的皮肤会很不适应，手会不由自主地触摸脸部，从而造成花妆甚至脱妆。

面部脱毛

皮肤脱毛，尤其面部脱毛是个比较尴尬的话题。法国女性通常倾向于去当地的美容院，在那里，脱毛跟做脸一样司空见惯。

随着女性进入绝经期，面部的毛发会开始出现异常生长。内分泌学家卡特琳·布雷蒙-魏尔就此现象做出了解释：

随着绝经期到来，女性体内的雌性激素（雌激素和黄体酮）分泌下降，而雄性激素（所有女性体内都具有少量雄激素）分泌增加。由于面部某些部位对雄性激素反应敏感，所以加剧了下巴或嘴唇四周的毛发增长。可以使用激素替代疗法解决这个问题，但要确保没有药物禁忌。

可以根据毛发的性质及颜色选择相应的皮肤医学美容疗法，比如激光脱毛或电解脱毛术等。处方药"盐酸依氟鸟氨酸乳膏"也能起到延缓毛发生长的疗效，但需遵医嘱使用，且需要长期坚持涂抹才能见效。

此外还可采用蜜蜡脱毛或绞脸（一种绷线脱毛的方法），尽量避免进行毛发漂白处理，这种方法对脆弱的皮肤伤害较大。埃德里安娜美容院的创始人科莱特·潘戈特建议，蜜蜡脱毛后，可以涂抹雅漾修复霜缓解皮肤刺激。

另有两种永久性脱毛疗法可供参考：电解脱毛与激光脱毛。

电解脱毛：采用一根极细的针头向毛囊导入电流，通过破坏毛囊的手段达到永久脱毛的效果。目前，电解脱毛法仍然是脸部永久性脱毛最有效的方法，缺点是脱毛过程相对费时，并且会为患者带来一定程度的痛感。

激光脱毛：只对深色毛发有效，对于浅色皮肤的治疗效果最明显。如果你决定采用激光脱毛治疗，一定要事先咨询获得专业资质认可的皮肤科医生或整形外科医生。千万不要随意选择某些不具备从业资格的人员为你进行激光脱毛术，因为风险系数极高，很可能在你的皮肤上留下永久性疤痕。

Part Three

第三部分

身体肌肤保养:

冰肌胜雪

第七章

三代美容专家的
美体护肤秘籍

"没有不美的身体；只有疏于塑造的形体。"

——贝亚特丽斯·阿拉波格鲁

这是我的芭蕾舞形体老师贝亚特丽斯·阿拉波格鲁很多年前对我的教诲，对此我至今记忆犹新——关于她的故事收录在本书第九章——我非常喜欢这句话传达的积极意义，它意味着只要使用正确的技术和适当的产品，我们每个人都有机会改善某些与生俱来的东西，就比如体形、体态，还有皮肤。

不久前我参加了一场婚礼，在婚礼上我看到一位朋友穿了一件漂亮的礼服，背部完全敞开，裸露出光洁细腻的蜜蜡色皮肤。并且，她优雅的举止姿态也无可挑剔。当晚回到家，我内心很是受到鼓舞，于是打定主意也要好好保养自己的身体。她给了我灵感，同时也表明身体的全面保养不仅仅是在假期来临前或者出席某个活动前加强皮肤保养那么简单。

法国女性特别关注的身体部位：上胸、上臂、手和指甲、大腿上部（尤其是皮下脂肪团）、腿上的静脉，以及双足。不妨让我们对上述每个部位都细细审视一番。

上胸

主要是指脖子下方及乳房之间的区域。这个部位在皮肤保养过程中常常被忽视，实际上它需要更多的关注与呵护。这是因为上胸部位的皮肤比身体其他部位更薄，皮脂腺更少，因此更容易出现缺水干燥的状况，意味着很容易长皱纹。此外，我们也常常忽略在这个部位涂抹防晒霜，如果我们穿 V 领 T 恤或者衬衫不系纽扣，这里的皮肤就很容易晒伤。不幸的是，目前还没有一种有效的方法能解决这一部位皮肤干燥、受损和长皱纹的问题，所以最好采取积极措施防患于未然。

轻熟期

皮肤大多光滑细嫩，因此从这时开始就要养成良好的防晒习惯，为皮肤的裸露部位涂抹防晒系数高的防晒霜。每次穿衣服之前完成涂抹，这样就不用担心防晒产品沾到衣物上。

绽放期和优雅期

- 对于这两个年龄段的女性而言，如果不希望自己的皮肤上出现太多损伤迹象，那么请你像坚持每日刷牙一样保持防晒习惯。

- 自来水中的矿物质会刺激皮肤，令皮肤变得干燥。所以不要用太热的水洗澡，注意：洗完澡后应当用毛巾轻轻吸干皮肤表面的水分，不要用力揉擦，以免损伤毛细血管。

- 日晒或者淋浴、泡澡后，尽快为上胸部位的皮肤补水保湿，任何滋润型面霜或润肤油都可以。

- 我会将上胸部位纳入夜晚的皮肤清洁与保养程序中。就像对待我的面部一样，我会在柔软的化妆棉上涂满爽肤水，之后轻轻擦拭这一区域。

- 如果有时候脸上涂了过量的保湿霜，我会用手掌将多余的产品轻轻推至胸前。另外，我会在上胸部位涂抹身体乳，然后用整个手掌将身体乳从上胸中部斜向右上方推至右肩，然后回到上胸中部，再用相同的手法推至左肩。

我们最喜欢的身体乳和润肤油

轻熟期

Malin+Goetz 维生素 B5 身体保湿霜

美体小铺椰油润体乳

Soapwalla 柑橘杏仁润肤精华油

绽放期

雅漾身体护理精华油

贝德玛美体乳

Leonor Greyl 精华油

欧缇丽葡萄籽身体修护霜

优雅期

Environ 精华油

理肤泉莹润身体乳

上臂

法国女性最怕上臂内侧皮肤松弛。对于许多人来说，这个部位的日常护理和胸部皮肤一样重要。它还有一个很形象的名字，叫作"蝴蝶袖"（或"蝙蝠袖"）。上臂不仅需要充分补水保湿——因为这个部位的皮脂腺分泌水平较低——而且很难调理养护，除非你长期坚持锻炼手臂，增强肱三头肌。每次沐浴或在海滩上晒日光浴之后，一定要使用富含油脂的乳霜滋润你的手臂皮肤。

洛兰： 我们该怎么补救？最近我发现很多女性为了解决这个问题，都开始锻炼自己的上臂肌肉。这让我意识到，无论年龄多大，都可以通过适当的锻炼来增强上臂肌肉，我在舞蹈课和健身课上看到了很好的效果。

物理水疗理念的开创者、执业理疗按摩师克里斯托弗·马尔谢索表示，最有利于锻炼上臂肌肉的运动包括游泳、拄拐步行和自行车。我的建议是聘请健身教练，在专人指导下使用小重量进行手臂锻炼。因为如果想要准确锻炼到上臂内侧肌群，必须按正确的方法坚持一定强度的训练，否则无法达到预期效果。

美到手指头

许多女性在注重脸部抗老、祛斑、除皱、嫩肤等各种美容保养之余，往往会忽略自己的双手。然而，如果疏于呵护、保养不当，它们会悄无声息地出卖你的真实年纪。

在过去几个世纪里，比如文艺复兴时期，女人的手被视为美的独特标志——除脸之外，双手是女人在正式穿上宫廷服装后唯一显露在外的身体部分。（当时在法国关于"美"有这样的专题论述："摘下手套那一刻，双手必须展现出女人的感性与优雅。"）如今我们已经很少在日常生活中戴手套，即便佩戴也多是为了抵御寒冷的天气。因此，需要格外注重双手的保养。关于这一点我也必须时刻提醒自己做好双手的补水保湿。办公室电脑旁、手袋里、家里的床头柜上都得备上护手霜，以便随时随地使用。

我想，没有人会希望自己精心保养的美丽肌肤因为一双粗糙、指甲脏污的手而破功。定期美甲不仅能维持指甲的外形美观，还有助于指甲健康。就像我外祖母说的："如果你家附近有一位技艺精湛的美甲师，要想方设法把她留下！"

雷吉娜：当初为法国版 *Vogue* 杂志工作时，我们曾接待过来巴黎报道高级定制时装秀的美国版 *Vogue* 杂志的同行。在 20 世纪 50 年代早期，美国版 *Vogue* 杂志的美容编辑们在衣着打扮、妆发造型方面个个都很有一套，她们涂着鲜红色指甲油的每一根手指都经过了精心打理，对此我和我的法国同事们都感到无比惊讶。在巴黎辛苦而漫长的工作期间，她们虽然每天奔忙于城中各大高定时装秀场，但指甲永远保持一副完美无瑕的模样。这在我们的记忆中烙下了深刻的印记。

以下是两位杰出的护手美甲专家分享的保养妙招，能让你一双纤纤玉手活力四射、晶莹闪亮。

美甲艺术家贝亚特丽斯·罗谢尔教你如何保养双手及指甲

贝亚特丽斯·罗谢尔是巴黎城中最有名气的美甲大师之一，近 30 年来她一直忙于照料一帮时髦男女的双手，大明星凯瑟琳·德纳芙是她最长久也最忠诚的客户。在这些客户中，最小的年仅 6 岁，最年长的一位已经 104 岁高龄！她们每次都会预约前来贝亚特丽斯的美甲工作室，然后在那儿待上一个多小时。贝亚特丽斯喜欢对她的客人们说："真正的手部保养需要时间和心血的付出，心急吃不了热豆腐！而美甲护理也应当回归指甲原本的自然形态。"

手部日常养护

使用 pH 为中性的温和香皂洗手，既能有效清洁又不伤手，洗完之后将双手和指甲擦干。生病的时候尽量避免使用酒精含量高的免洗抑菌洗手啫喱，因为这样容易使手部皮肤变得干燥，可以选用保湿香皂或温和的洗手液。

随着人的年纪增长，双手也逐渐老化，本来就很薄的皮肤变得脆弱，皱纹也更明显。请时刻注意补水保湿。我没有什么特别的偏好，只要是具有高保湿功能的滋润护手霜产品都可以。如果你的指甲有问题，可以在手部皮肤上涂抹护手霜，而在指甲部位涂抹精油，因为精油的渗透能力更强。

杏仁油、茉莉花以及薰衣草精油对皮肤大有益处，还能促进指甲生长。

在涂抹身体乳的同时，也可将多余的身体乳抹在手上。外出度假或享受阳光浴时，取半个柠檬，将汁液挤入容器中，再加入几大勺橄榄油。利用阳光的温暖将其加热，再将手浸入其中，想放多久都可以。

日常饮食也很重要。确保充足的维生素和矿物质摄入，尤其是 B 族维生素、锌和铁。此外还可以考虑摄入含有啤酒酵母（一种富含生物素的大麦麸质发酵产物）成分的营养补剂。

修甲技巧

不要将甲小皮向后推得太远，以免损伤甲床，从而导致指甲变得脆弱易断。有些人指甲周围有大量皮肤增生，使用正确的修甲方法，可避免其加剧生长。关于甲小皮的处理，最好寻求专业人士的帮助。

每周至少保证有 1 天不涂指甲油。使用不含丙酮成分的洗甲水卸去指甲油，让指甲得以自由呼吸一整天。

洗甲过程中，将浸泡过洗甲水的棉片敷在指甲表面并按压几秒钟，以利于洗甲水充分渗透指甲油。洗甲棉片越薄越好。

所有的化学制品、硬化剂等都会给指甲带来一定损伤。指甲需要保持一定的弹性，太硬反而容易折断。如果察觉指甲过度干燥，可以为它补水，千万不要使用某些可能加剧干燥的化学物质，这会让指甲变得更脆。我建议你使用纯天然环保无毒的指甲油，比如 Kure Bazaar 品牌。该品牌的指甲油色彩选择丰富，经久耐用，是法国著名影星凯瑟琳·德纳芙的最爱。

优雅期女性的贴心小窍门

优雅期女性可以在双手皮肤上涂抹粉底或遮瑕产品，掩盖色素沉积和黄褐斑等衰老痕迹。具体方法是：首先，在手上涂抹保湿护手霜，轻拍按摩直至完全吸收；然后用化妆海绵取适量粉底均匀地涂在手背上，从而达到调整肤色和掩盖色斑的效果。

如果希望尝试更高级的手部保养方法，可以采用激光治疗除皱祛斑，抚平肌肤的岁月痕迹。

若要双手更丰润饱满，可以填充注射浓缩透明质酸或自己的脂肪（惯用说法叫"自体脂肪移植填充"）；还可咨询静脉切开术，通过手术改善手部静脉外观。

"法国最佳手工业者大奖"得主、美发造型及彩妆艺术家西尔维·法拉利的护手美甲秘籍

在法国，各类手工行业的佼佼者都能凭借自己在行业中取得的卓

越成就和做出的巨大贡献获得法国最具权威性与公信力的"法国最佳手工业者大奖"。能获得这一最高殊荣的手工业者必须在现代技术与传统技艺方面拥有独树一帜的专长。就美容护理行业而言，就包括面部、身体、手、指甲、脚、脱毛以及彩妆等领域。

"法国最佳手工业者大奖"得主西尔维·法拉利在法国非常受欢迎，有一位客户甚至会每周固定来找她做美甲。这位客户会随身带着自己的法国贵宾犬，每次做完美甲，这只小狗的爪子也会涂上与主人手指甲相同的颜色，然后跟着主人骄傲地迈出店门。

美甲小贴士

西尔维解释说，如果你打算去美甲沙龙做美甲，必须确认好以下几点：店里的美甲器具与环境达到卫生标准；美甲师应该能根据你的具体需求提出不同的美甲护理方案与建议，并且带你全面了解某项特殊护理的整个流程与具体步骤，同时以产品服务质量为中心，懂得最新最前沿的美甲技术，并能够在你的手上完美呈现；此外，还有很重要的一点，美甲师本人的手也应当完美无瑕。

当你发现自己的指甲上出现甲小皮（通常都是从青春期开始）就要开始注重手和指甲的保养了。必须推掉甲小皮吗？是！……也不是！如果你定期做美甲护理，就没有必要剪。如果你经常使用指缘保养油按摩指甲四周，也不需要剪。甲小皮只有在指甲轮廓周围极度干燥脱水的情况下才去除。

造成指甲干燥的原因有很多，例如：手经常泡在水中，大量接触洗涤剂，缺乏日常保养，周围环境的影响（比如手经常暴露在冬季寒冷的空气中）等。由此可见日常使用护手霜以及指缘保养油的必要性。

美甲居家护理

一定要锉平指甲，在指缘与甲小皮处涂抹保养油，使用护手霜。如果想涂彩色指甲油，可以先涂上一层透明底油，再涂彩色指甲油，最后再涂上一层亮油。底油很有必要，它能对指甲表面起到保护作用，但底油不需要有颜色。最上面一层亮油的主要作用是保护彩色指甲油，提高光泽度。

用一把柔软的美甲锉从指甲外侧向中心位置锉，避免来回移动指甲锉。

指甲油的颜色应当与你的肤色协调一致，也可以搭配使用不同颜色增强创意感，但要保持整体风格统一，还要考虑到是否适应场合。如果你有剑走偏锋的色彩偏好，不喜欢中规中矩的经典颜色，不妨采取一个折中的方案：在你的脚指甲上使用更大胆的颜色，手指甲使用中性色系。

使用温和不含丙酮的洗甲水。可以采用以下方法来测试洗甲产品的性质是否温和：将洗甲水涂在指甲上，如果指甲颜色变白，就说明该产品不够温和，尽量避免使用。

洗甲水的正确用法：用洗甲水将化妆棉浸湿，然后将棉片敷在指甲表面，让其发挥作用；之后从指甲根部向指尖方向水平移动棉片——不要左右移动，否则皮肤容易沾染到指甲油。

西尔维·法拉利的美甲包

💜 美甲软锉

💜 洗甲水

💜 指缘保养油

💜 护手霜

💜 预防色斑的精华液或美白产品（定期使用）

💜 指甲油：OPI、Kure Bazaar、Essie 和 Alessandro International 等品牌

轻熟期

定期进行美甲护理，配合使用保湿护手霜。如果去美甲沙龙进行护理却又不认识为你服务的美甲师，要学会对两件事说不：

（1）拒绝使用凝胶美甲，因为很难卸除，必须使用大量的化学药剂；

（2）拒绝过度推挤甲小皮。

绽放期

根据自己的皮肤状况，采用特定的护理方法。比如使用精华液、

手膜预防色素沉着；做与不做石蜡浴均可，这取决于你的皮肤状况。可在家中自行完成护理。

优雅期

参考绽放期女性的保养方法。此外，无论何时外出或室外阳光是否强烈，一定要做好防晒措施，在手上涂抹精华液及防晒霜，预防老年斑生成。

我们最喜欢的指甲油

适合所有年龄段女性

我们一家三代女性都是 Kure Bazaar 指甲油的忠实粉丝，自从贝亚特丽斯推荐这个品牌之后，我们就一直在用。我外祖母喜欢涂 Rose Milk（玫瑰牛奶），我母亲喜欢 Macaron（马卡龙），而我则喜欢 Vinyle（深酒红）。尽可能选择 Kure Bazaar 或 Sundays 等纯天然无毒害的指甲油品牌，更有益于双手与指甲健康。

臀部、大腿以及皮下脂肪团

假如无论你怎样努力健身或者控制体重，大腿和臀部皮肤依然凹凸不平，甚至坑坑洼洼，那么一定是皮下脂肪团惹的祸。脂肪团的成因是由于人体正常的脂肪细胞被困在结缔组织中无处可逃，只能向外凸出。一部分人非常幸运，他们一生都不会有脂肪团的困扰。然而另一部分人就不那么走运了，生来便有脂肪团与之形影相随，却不知该如何摆脱它们。

摆脱脂肪团

在巴黎，内行的人大多都知道向马蒂娜·德·里奇维尔寻求帮助。她曾结合自己在心理学、传统中医学、鲁道夫·斯坦纳"韵律按摩"等领域的研究，独创出一套重塑按摩疗法。马蒂娜这套招牌式按摩技术的设计初衷在于帮助身体远离肿块以及缓解精神压力，仅需一双手的力量，就能带来持久的效果。她非常确信的一点是：尽管脂肪团的成因有一部分是先天的遗传因素，但按照她的治疗方法，通过机械及人工干预，一定能有所帮助。

以下是马蒂娜针对如何消除皮下脂肪团这一问题给出的建议，或许对你有一定的参考价值。

处在青春期的少女需要格外用心照顾自己的身体，注意日常膳食均衡，控制糖分的摄入。因为这一时期她们体内正经历一场激素的巨变，身体新陈代谢需要一段较长的时间来调节。

如果脂肪团与淋巴循环问题有关，或者脂肪团位于下半身，可以通过穿戴压缩袜改善下肢静脉回流来解决。但关于压力水平的问题一定要事先咨询相关专业人士，这一点非常重要，因为错误的压力水平很可能会弄巧成拙，得不偿失。

每一个能改善静脉回流的动作都会有所帮助：在晚间抬高双腿，每日早晚为双腿涂抹乳霜（从脚踝至膝盖部位，按打圈的方式涂抹）。使用马鬃手套也能起到改善循环的效果。

多吃富含维生素 E 和抗氧化物质的食物对于促进循环具有积极作用。鳄梨、浆果、甜椒和韭菜具有利尿作用，避免食用高盐食物，多吃高纤维食物促进肠道蠕动，多喝水（每天至少 1.5 升）。

建议适量进行有氧运动，只要不是大强度，比如短跑冲刺或者爆发力强的运动。坚持锻炼是维持身体与精神平衡最好的办法。

均衡饮食，经常锻炼，长期坚持这样的习惯一定有助于改善身体健康状况。

下肢静脉与血液循环

知道吗，早在 17 世纪和 18 世纪，追求时髦格调的法国王公贵族们会坚持在自己的太阳穴（或者其他一些部位）画上蓝色线条，借以向世人彰显自己高贵的"蓝血"出身。当然，这只是古代法国时尚所企及的高度，如今显然不再同日而语。法国人对于静脉有某种叶公好龙式的矛盾情结，既迷恋又恐惧。

在美容界，静脉曲张是一个很少被论及的话题。我发现周遭的朋友和同事对此都知之甚少，尽管生活中这样的情况并不少见，尤其是在女性怀孕期间。另外，静脉曲张的情况还会随着年龄的增长变得愈加明显。

两位巴黎专家与我分享了他们各自专业领域中的一些相关信息。

巴黎静脉学家、静脉专科医生让－皮埃尔·蒂东

关于静脉曲张的小常识

静脉曲张是寄生或假性静脉。可以将其想象成一株玫瑰：若要玫瑰花健康生长，就需要时常修剪细枝，保持主茎健康。而这些被称为"贪食者"的寄生物就像多余的玫瑰枝叶，需要及时去除，否则会导致静脉血流淤滞不畅。

与向身体细胞输送氧的动脉血液（鲜红色）有所不同，静脉血液（暗红色）的作用是带走细胞新陈代谢的废物。如果静脉血液淤滞，就会带来麻烦：下肢沉重、肿胀，伴有湿疹及瘙痒；如果身上有伤口，还会影响伤口愈合，引起许多其他问题。因此，对于静脉曲张的问题需要

引起足够重视，及时寻求治疗，避免上述情况发生。

基因是引起静脉曲张的一个重要因素。在法国，总共约有 1 700 万静脉曲张患者，其中女性患者数量约为 1 400 万，男性约为 300 万。在他们当中，有 70% 的病例都是由同一个因素引起的——基因。此外还有其他一些因素，比如肥胖以及怀孕等。如果你患有静脉曲张，每年定期检查一两次很有必要。如果想知道自己的静脉是否正常，可以采用一个比较简单的办法自我检查：如果静脉血管只在下肢一侧突显，而另一侧没有，即是静脉曲张。正常的静脉血管往往分布于相似的区域，而静脉曲张是不对称的。此外，静脉曲张从外观上看，血管肿胀凸起，沿"Z"字形迂回曲折而非直线伸展，多呈蛛网状。

静脉曲张的防治

就日常生活习惯而言，尽量少穿紧身衣，少进行有可能影响血液循环的活动。坚持运动，多步行，多喝水，尤其是夏季。不要用太烫的水洗澡，少蒸桑拿或晒日光浴。不要在晒得发烫的沙滩上赤脚行走。可以试着在水中漫步。最后，酷暑天气和严寒天气对于静脉曲张患者一样糟糕。

坚持运动非常重要，最好的运动方法就是将你的双腿举到半空中，然后模仿骑自行车踩踏板的动作。游泳、瑜伽、慢走以及高尔夫都是不错的运动项目。

日常饮食结构也很重要。不要喝太多苏打水，因为可能会导致水潴留。可以适量饮用香槟和葡萄酒，白葡萄酒容易导致血压升高。将体重维持在正常水平。

如果患有静脉曲张，需尽量避免大强度的推拿按摩，否则情况会变得更糟。淋巴引流相对更轻松，但对于重症静脉曲张收效甚微。

晚上躺在床上，用枕头把双腿垫高 4 ~ 6 英寸 [1]。

最典型的治疗方法是注射、激光及外科手术。也可将三者结合进行治疗。

卡罗琳·梅里尼亚克，来自压缩袜 / 压缩腿套品牌 Orthopédie Meyrignac 的行业专家

卡罗琳是她家族中第五代从事压缩袜产业的人。在与她进行过一次深入交谈之后，无论乘飞机去哪里旅行，我都会在航班上穿着压缩袜。

关于压缩袜 / 压缩腿套的小常识

每个人的静脉系统天生就有所差异，日常生活习惯也会对其产生巨大影响。怀孕期间的女性由于受激素影响，往往会出现静脉功能不全的倾向。通常表现为：白天会感到一些疼痛，毛细血管扩张（皮肤上出现细小的红血丝），傍晚和深夜疼痛持续并伴有烦躁不安之感（痛性痉挛，

[1] 1 英寸 =2.54 厘米

需要移动腿部），此外，夜晚脚踝及足部还会出现浮肿情况。

医学压缩的目的是通过对腿部施加一定压力，从而改善静脉和／或淋巴回流，避免出现瘀血等并发症（由静脉曲张导致的腿部血液淤滞）。我建议日常采取一定的预防措施，穿戴压缩袜／压缩腿套，尤其是在需要长时间站立（偶尔走动）的场合，或者是在需要久坐的场合，比如坐在办公桌前或在飞机上。

人们常说"支撑"袜，但我认为用"压缩"这个词更准确。无论在工作还是休息期间，压缩袜都能持续为腿部施加恒定压力。医学压缩是一个机械过程，承受压力最大的部位在脚踝。只要穿上压缩袜／压缩腿套，便会即刻产生压缩感。而一旦脱下，效果就会立刻消失！

每次穿过压缩袜后都要清洗。可使用中性洗衣皂或洗衣液在温水中将其彻底清洗干净，之后用干毛巾吸去多余的水分，自然晾干。不要使用烘干机。

另外，还可以使用温水机洗，但需要将洗衣机调至"轻柔洗涤"档。不要在水中添加衣物柔顺剂，也不要使用烘干机。如果从早到晚穿着紧身压缩袜，织物的压缩功效最后会降低 30% 左右，但只要对其进行清洁洗涤，织物便能重新恢复全部压缩效力。一双压缩袜／压缩腿套如果每天穿着，它的使用寿命为 3 ~ 4 个月。每次穿着前可以先在腿部涂抹质地轻薄的保湿霜或乳液，这并不会影响压缩袜起作用。但是如果你的皮肤干燥，压缩袜／压缩腿套反而容易松脱滑落。

如何使用压缩袜／压缩腿套

没有规定从几岁开始需要在乘飞行时穿着压缩袜／压缩腿套。如果你的腿和脚容易在飞行后出现水肿，穿不进去鞋子，那么在飞行过程中压缩袜就能派上大用场。经常乘飞机旅行的人也应当穿着压缩袜／压缩腿套，即使在飞行途中没有任何明显的不适症状。这是因为随着飞行时间的增加，形成血栓（静脉炎）的风险也会相应增大。建议至少在飞机起飞一小时前就穿上压缩袜，下飞机一个小时以后再脱掉。另外，抵达目的地之后尽可能多走动。如果抵达后不久就要上床睡觉，便可以脱掉压缩袜，因为这时你的身体已经躺下了。每次搭乘飞机之后，尽量让压缩袜在你的脚上多待一段时间，越长越好。有一点需要引起注意：静脉炎的症状并不总是当下就出现，可能是在着陆两小时以后，甚至着陆后8周内仍然存在风险。

购买压缩袜前请试穿，确保它们适合你的双脚。我不建议在网上购买医用压缩服装——严格说它们属于医疗产品，只有适合自己双脚的压缩袜／压缩腿套才能起到疗效。

生命在于运动！整天久坐在电脑前静止不动是我们这个时代生活方式的一个显著缩影，然而这样的生活对你的双腿和身体没有任何好处。静脉学专家建议每天至少步行30分钟。试着放弃搭乘电梯改爬楼梯，多为自己创造步行机会。即使没空去健身房，也要挤出时间来锻炼身体。让健身成为你生活中不可或缺的一部分。

多洗淋浴，少泡热水澡。沐浴结束时可以用花洒喷些凉水在双腿上，水的温度不必太冰凉——只要比你刚刚淋浴时的水温冷一些就行。

晚上使用香茅、玫瑰木、天竺葵或迷迭香等具有排水功能的芳香精油按摩腿部。（切勿直接在皮肤上涂抹单方精油，先用甜杏仁油或荷荷巴油等基础油稀释后再使用。）从脚踝开始，沿着小腿和大腿向上移动按摩。除此之外，还可以使用具有清凉镇定效果的腿部按摩凝胶。

避免长时间暴露在阳光下。如果碰巧在海边，可以将双腿跨入齐膝深的海水中散步，这种步行方法对肌肉特别有好处，水流的阻力会让你的双腿接受一次来自大自然的按摩。

保持腿部柔嫩光滑

在我十几岁的时候，社区的美容沙龙为我节省了很多宝贵的周末时光。那时法国女性很少考虑脱腿毛或腋毛，而且激光脱毛术才刚刚发明出来，治疗费用贵得惊人。所以我们都选择去社区美容院进行蜜蜡脱毛护理。试想一下这样的情景：花季少女的你，浑身毛茸茸地出现在某个衣香鬓影的聚会上……还有什么比这更让人想死的？

旅居海外多年以后，我很高兴能找借口重返巴黎，与埃德里安娜美容院的创始人科莱特·潘戈叙叙旧。科莱特和她的姐姐在巴黎玛德琳地区经营这家美容院已经长达 30 年，过去我是她们店里的常客。

这家美容院坐落在一个美丽幽静的庭院里，经营的美容项目几乎都是关于皮肤脱毛的，她们的精湛技艺主要体现在常用的脱毛方法上：将蜡涂在毛发上快速脱毛，既不折断毛发，也不会留下任何毛茬。

她们脱毛使用的是可回收的环保低温蜡，蜡质柔软黏稠，能有效扩大毛囊。一位记者曾这样说："如果你身上的毛发很容易打理，那就随便找一家美容沙龙；如果很难打理，那就去埃德里安娜！"

我从她们身上学到很重要的一点：如果你想要为皮肤脱毛，请善待自己娇嫩的皮肤，多尝试蜜蜡脱毛，少用剃刀。敏感皮肤在进行蜜蜡脱毛护理后会不可避免地出现发红不适的状况，建议在上蜡前先使用玉米淀粉，不仅能减少皮肤发红，还能控制流汗。脱毛后使用雅漾的修复霜。最后一点，脱毛前后都要注意皮肤防晒。

美足护理

在巴黎一个风和日丽的星期六早晨，外祖母约我与她见面，庆祝我高中毕业。得知这一消息后我特别兴奋，因为一整个春季我都在夜以继日地埋头苦读，备战令所有法国高中生都害怕的高中毕业会考。当我到达位于巴萨诺街的约会地点时，我惊奇地发现那里原来是露华浓美容沙龙——当时巴黎最负盛名的美容院。（如今露华浓的市场定位已经变成了药妆品牌，但在当年的巴黎，它绝对不是开架化妆品的档次。）我走进沙龙，看见外祖母正坐在一间敞亮通透、天花板挑得很高的房间里，脸上挂着甜美的微笑。我过去亲吻她的脸颊，然后她说要请我去一家奢华时髦的美足沙龙好好享受一番。但这不是普通的修脚，而是一种更细致的医疗美足护理，通过专门的工具来清洁、软化以及塑造脚指甲，让它们永远保持漂亮的模样。

我觉得自己一瞬间长大了。坐在这间美足沙龙中，一边享受着足疗师技艺精湛的服务，一边环顾四周。我发现身边都是一些打扮入时且美得令人难以置信的女士，她们一边接受足疗护理，一边与自己的美足师闲聊。这家美足沙龙于1947年开业，我外祖母是他们的第一批客人。自开业以后，她每个月都会来光顾这家店一次，直到它最后湮没在岁月的长河中。

外祖母总对我说，如今她的双脚之所以看上去依旧完美无缺，全都要归功于当年那些专业美足技师的精湛技艺。

通常情况下，足疗护理分为几个不同的层次。对于任何足部疾病，首先要做的是看医生，向具有专业资质的足病医生寻求帮助。

其次是医疗级别的足部护理，法国女性非常喜欢。在这类足疗护理过程中，训练有素的专业美足师会认真地处理你脚底的老茧与裂缝，以及因穿鞋不当造成的各种足部问题。除此之外还有针对趾甲的护理（尤其是趾甲内嵌、变色、隆起、真菌感染等）以及足部皮肤护理（老茧、脚跟处的裂缝、鸡眼、粗糙、斑点等）的项目可供选择。护理过程中需要保持足部皮肤干燥。

最后是与普通美容院类似的脚趾美甲服务。护理过程通常需要保持足部皮肤湿润，项目包括磨砂去死皮等。

足病专家巴斯蒂安·冈萨雷斯谈足疗护理

足病专家巴斯蒂安因其独树一帜的足病治疗方法与护理技术而享誉全球。他解释说："如果你将一家四代女性的双脚放在一起进行对比观察，你会发现，人的双脚一生都在不断进化。随着时间的推移，足部的一些小畸形会逐渐变大。

"我通常会给出相同的建议：如果你不到 35 岁，集中精力预防；如果你已经超过 50 岁，集中精力治疗。话虽如此，但年龄也并非决定性因素。在我的客户当中，有一位年仅 25 岁的超模，由于工作关系她不得不每天穿着高跟鞋，双足的受损程度已经相当严重。但还有一些客户，尽管已经上了一定年纪，双脚却保养得像刚出生的婴儿一样完美。这一方面是得益于她们先天优良的基因和好运气，另一方面也离不开自己平常的悉心呵护和保养。"

巴斯蒂安关于足部护理的建议：

洗澡的时候使用磨砂膏为双脚去角质和死皮，每月一次。

睡前按摩几分钟，为双脚补水保湿，促进血液循环与关节活络。不要忘记按摩脚趾之间的区域以及脚后跟。

经常使用美足霜，因为脚部皮肤比脸部皮肤厚得多，需要特别护理。

使用旧电动牙刷清洁趾甲周围的皮肤，有助于去除干燥死皮，保持这一区域皮肤细腻柔软。

如果你不是专业人士，请不要自行修剪甲小皮，也不要将甲小皮向后推得太猛，否则便为细菌敞开了大门，增加感染的风险。

每天涂抹指缘保养油以及润肤霜。请勿擅自在家中使用去死皮刀，划伤脚部皮肤的风险很大——普通刀片不同于医疗级美足护理中使用的无菌手术刀。

如果你喜欢给趾甲涂指甲油，最好每四五天就卸掉一次，这样更有利于趾甲健康。

养成在鞋子内侧涂抹滑石粉的习惯，它们能像隐形袜一样，帮助减少双脚与鞋之间的摩擦，还能保持足部干爽。

美甲凝胶、丙烯酸假指甲和其他同类美甲产品的使用寿命取决于产品的质量，一般在两周到两个月之间。但这类产品通常都含有较强刺激性的化学成分，不推荐使用。虽然大多数人不会在脚趾上戴丙烯酸假指甲，但最好也不要戴手上。因为经常使用会导致自身的手指甲慢慢变薄，变得脆弱易断。

轻熟期

注意尽量避免使用美甲凝胶、丙烯酸树脂或其他刺激性化学物质制成的假指甲。定期使用足部专用按摩膏，确保双脚得到良好的保湿护理。可以利用壁球为双足提供简单有效的按摩，将壁球踩在脚底，滚动壁球产生热量，从而起到按摩和放松脚部肌肉的效果。

绽放期

如果你脚上长有鸡眼、老茧或开裂，可以去专业的美足沙龙进行一次医疗级的足疗护理。然后每天用滋润的美足保湿霜揉搓双脚，之后再涂上厚厚的一层，穿上袜子睡觉，这样既有利于美足霜充分滋养双足皮肤，又不会让你的床单沾满乳霜。

优雅期

很多时候优雅期女性都会想要进行拇外翻或爪状趾的矫正手术。非到万不得已尽量避免手术，除非拇囊炎开始引起疼痛，影响日常行走。手术应该是最后采取的治疗手段，毕竟手术过程及术后恢复会很痛苦。

法式足疗居家护理

有一点是肯定的：在家中不可能像在美足沙龙一样完成某些医疗级的足部护理项目。除非你有专门的足疗专家上门提供特别护理服务。当然，你依然可以自己在家进行一些相对简单的足疗护理，比如涂抹美足霜补水保湿以及按摩足部缓解紧张疲劳（尤其是喜欢经常穿高跟鞋的女性）。以下是我个人常用的美足护理技巧，供大家参考：

- 💜 首先，按照本书前面介绍的方法洗去趾甲上原来的指甲油。

- 💜 在热水淋浴过程中，使用身体磨砂膏或专门为足部设计的去死皮磨砂膏认真擦洗双脚。用手好好按摩双脚，尤其是支撑你整个身体重量的部位，这些部位通常比较容易受到损伤从而感到疼痛。用旋转运动的手法按摩，力道适中即可，不要过分用力。彻底清洁按摩之后擦干双脚，尤其是脚趾之间的部位。

- 💜 脚部皮肤经过热水浸泡之后开始软化，这时可以涂上指缘保养油，按摩一分钟。

- 💜 然后用一根甲小皮护理棒轻轻地向后推甲小皮，这样做的目的：一是为了使趾甲看起来更整洁，二是便于涂指甲油。可以按照巴斯蒂安建议的方法，使用旧电动牙刷来清洁趾甲与皮肤之间的褶皱部位。

- 💜 如果需要修剪趾甲，请等到趾甲完全干燥之后再剪。我通常只用大指甲剪，这样可以避免把趾甲剪成圆弧形。方形趾甲看上去最舒服，并且也能长得更好。最好直接剪去一小段，但不要剪得太短。这样的剪法有助于防止趾甲向内弯曲生长（一旦向内生长会很疼）。

- 💜 趾甲与手指甲的锉法一样，可按照前面西尔维提供的建议操作，将锉板放在趾甲顶部边缘，朝一个方向轻轻打磨，直到手感光滑、长度适合即可，不要来回拖动锉板。还可以根据巴斯蒂安的建议，使用麂皮软锉／抛光棒擦亮趾甲表面，使其显现自然的粉红色。此外还可以根据她的建议在每个趾甲的表面涂上少量的抛光乳膏，然后用指甲抛光锉仔细摩擦，直到没有一点抛光乳膏残留即可。

❤ 最后，按摩双脚、脚趾，尤其是脚后跟等比较干燥的部位。如果脚上皮肤特别干燥，可以直接在需要护理的部位涂上专用的美足霜。足部按摩有助于身体恢复元气，缓解一天的紧张和疲劳（对于常穿高跟鞋上班开会或吃饭逛街的女性效果尤其显著）。我总是先从脚趾开始按摩，然后逐渐移至足弓部位，最后是脚后跟。另外，我会在脚踝四周做快速向上提拉的按摩动作。

我的美足护理工具包

❤ 去死皮磨砂膏

❤ 美足霜：艾凡达美足保湿霜，露得清美足滋润霜，或 Révérence de Bastien 敏感肌美足霜

❤ 大指甲剪

❤ 普通的甲小皮护理棒

❤ 一把旧电动牙刷

- 爽健或 Révérence de Bastien 品牌的细颗粒玻璃指甲锉，这种指甲锉摩擦力相对较小，不会锉伤指甲表层

- 打磨／抛光套装：Deborah Lippmann 牌的美甲软锉或麂皮打磨条，以及 Révérence de Bastien 品牌的珍珠抛光膏

- 脚指甲与指缘角质护理：迪奥杏桃精华指甲滋养霜，伊丽莎白雅顿 8 小时润泽霜，莎莉汉诗角质按摩霜，以及 Révérence de Bastien 指甲角质按摩乳膏

- 滑石粉，早上沐浴后或者运动前使用，有助于保持足部干爽

- Kure Bazaar 或 Sundays 牌纯天然环保指甲油

患上拇外翻／拇囊炎怎么办？

整形外科医生塞尔日·奥捷几十年来一直是巴黎拇外翻患者圈子里广为熟知的矫形专家。通常，女性足病患者向骨科医生求助最多的就是拇囊炎，这是一种常见于足缘和大脚趾附近的足部畸形，通常是由基因因素引起的，但常穿高跟鞋（尤其是常年穿着）与某些不合脚的鞋子也会加剧这种症状。通常从长鸡眼和老茧开始，之后进一步造成令人难以忍受的足部外形畸变和痛苦。以下是奥捷医生的建议：

为了保持双足健康，防止长鸡眼和老茧，我建议常穿运动鞋。鞋子最好大小合适，舒适不挤脚。一般来说，理想的鞋跟高度是 1.5 ～ 2 英

寸（或略高于 2 英寸），特殊场合可以适当增加至 3 ～ 4 英寸。常使用专门的美足磨砂膏去角质，以防止生成老茧。如果脚部畸形日趋严重且疼痛加剧，就需要进行手术。为了控制症状避免恶化，一双舒适的鞋子能在短期内起到一定的缓解作用。但如果手术不可避免，那么越早做越好。拇囊炎不会自己消失。术后需要接受理疗，辅以足部按摩，按摩过程中不要使用乳霜。术后至少 3 个月内不能穿太紧的鞋子。

能否避免拇囊炎手术？

"SCENAR[①]"治疗师达妮埃拉·贝卡利亚 - 布莱米是英国辅助医学协会与能量治疗师协会的注册成员。她的解释是："SCENAR"是一种生物反馈疗法，可以减轻患者的疼痛和炎症，加速创伤愈合。通常用于治疗各种可能影响到身体其他部位的疾病，并且对于某些慢性炎症性疾病，如关节炎、滑囊炎以及包囊炎等有特别显著的疗效。技术人员使用"SCENAR"设备向皮肤发送模拟神经脉冲的电磁信号，之后该设备不间断地测量身体的各种反应，并且适应每个相应的信号（这就是生物反馈的作用）。这项技术不会为患者带来痛苦，并且适合所有年龄段的患者，值得一试！

---

① "SCENAR"（Self-Controlled Energo-Neuro Adaptive Regulator）：能量神经自适应调节器

第四部分

秀发养护:
青丝云鬓

第八章

美丽秀发

"头发须拥有生命力和律动感，但不必完美无缺。"

——大卫·马莱

刚搬到纽约时，与我一起就职于迪奥公司的好朋友带我去了一家夜总会庆祝乔迁之喜。我们坐在雅座里，看着眼前的灯红酒绿、衣香鬓影，最让我印象深刻的是俱乐部里每一个女人都有一头美丽迷人的秀发。倒不是说她们花了多少心思做头发或者用了什么神奇的产品——只是与法国女性相比，她们的头发散发出一种与众不同的美，如此浓密、饱满、丰盈。回家路上我一直在想，为什么她们会拥有这样美丽的秀发？也许是水质的原因，因为据我了解，纽约的水是"软"的，而巴黎的水质很"硬"，这主要是由于水中含有较多的微量元素，比如钙和镁。水的柔软度确实对头发和皮肤有一定影响，因为在软水中，它们不容易失去天然油脂。

但我想也不仅仅是这一个原因。跟全天下所有女人一样，法国女性对美发护发也十分着迷。头发是一个人性格特质的重要组成部分，当你走进一个房间，最先吸引人注意的就是你的头发。美丽飘逸、闪亮健康的头发任谁见了都会心生欢喜，它就像是你与生俱来的珠宝项链——如果你拥有满头漂亮的头发，你甚至不需要化妆或佩戴首饰。而另一方面，若是整天披头散发——这样的短语在法语中不存在，但应该存在——能瞬间毁掉你的心情。这也是为什么法国女性经常求助专家咨询诊治自己头发出现的各种问题，尤其是发量稀疏和脱发。我得承认自己非常羡慕美国女性浓密饱满的头发，但我也确信，法国女性仍然有法子令自己的秀发闪亮飘逸，散发诱人魅力。请听我细细讲述。

雷吉娜：20 世纪 40 年代，由于受电影明星银幕形象的影响，法国女性开始纷纷留起了长发。欧莱雅在染发技术以及打造自然天成的发色效果方面处于领先地位。到了 20 世纪 50 年代，越来越多的法国女性开始选择剪短发，无论是在发型还是在服装上（这就是香奈儿套装如此广受欢迎的原因）都开始追求一种实用性与功能性相结合的时尚潮流。各种美容美发沙龙也纷纷开始朝着轻松舒适的风格转变，法国女人成群结队地守候在美发沙龙，等待着美发师替她们烫发和打理发型。

没错，我们年轻那会儿，总会将头发打理得纹丝不乱，尤其是假如晚上要出门。当时很流行一种"面包"发髻，尤其是外形呈长条状的"香蕉面包"发髻，优雅迷人颇受女性欢迎。而一手创造这种发型风格的亚历山大也因此名声大噪。除他之外，当时还有另外两位杰出的美发造型大师：纪尧姆与安托万。绰号"小王子"的安托万尽管当时已届八十高龄，仍然倍受追捧，甚至将自己的美发沙龙开到了美国。奥黛丽·赫本、索菲亚·罗兰、艾娃·加德纳和伊丽莎白·泰勒等大明星都是他店里的座上宾。

去著名的美发沙龙做发型总是一件令人愉快的事情——我曾在安托万的美发沙龙见过法国电影女演员玛蒂妮·卡洛，还在纪尧姆的美发沙龙里偶遇过玛琳·黛德丽。我还记得玛琳的手，像瓷器一般光滑细嫩，涂着玫瑰色的指甲油。她的指甲非常迷人，发型也是！

洛兰： 二十世纪七八十年代，我们这一代人见证了法国美发师从本土明星跃身成为引领国际潮流的时尚先驱。发型流行趋势的改变一日千里，一些法国美发师也在此时名扬四海，攀上了事业和人生的巅峰。好莱坞明星、法国明星和欧洲社会名流都——接受过这些美发大师们出神入化的"金手指"点化。当时最炙手可热的美发造型师包括凯伊黛的创始人罗西和玛丽亚姐妹，尤其是她们俩的侄子克里斯托夫；还有克洛德·马克西姆、雅克·德桑热，当然，更不用提享有"美发之王、王的美发师"美誉的亚历山大。

1973 年，我们拍摄了当时刚崭露头角的法国女演员伊莎贝尔·阿佳妮，这是她首次登上法国版 *Vogue* 杂志。当时她年仅 18 岁，在巴黎著名的法兰西剧院出演法国剧作家让·季洛杜的舞台剧《水中仙》。当时为她拍照的摄影师是大名鼎鼎的盖·伯丁，以性感香艳的摄影风格——尤其是广告——和怪脾气而闻名。化妆由海蒂·莫拉韦兹担任。我被事先告知要预约美发造型师纪尧姆，结果我却阴差阳错约错了人，惹得盖·伯丁大发雷霆。可想而知，这对我简直就是场大灾难。之后我花了好几个钟头才找到真正的纪尧姆，来自 Mod's Hair 美发沙龙的纪尧姆·贝拉尔，他是所有顶级时尚和美容摄影师的最爱。纪尧姆的发型以全新的复杂结构著称，但又比传统法式发髻更简洁。"让风吹进我们的头发！"成了我日后的口头禅。我见证了发型从结构僵硬到所谓"蓬松发型"的转变——发型已经完成，但给人一种还没做完的感觉。

伊莎贝尔进来的一刹那，很难让人不大喘粗气，因为她实在太美了，而且还很年轻。海蒂很清楚，若想为伊莎贝尔的美丽形象锦上添花，最好的办法就是做减法。因为她那双蓝得发紫的眸子、白皙娇嫩的皮肤和浓密的栗色秀发已经让她散发出令人难以招架的青春活力。一点睫毛膏、一抹腮红，唇上再来一点枣红，成了！之后纪尧姆给她自来卷的头发增加了一些体积感，最终的结果相当惊艳！

几年后，我邀请伊莎贝尔来我家共进午餐，那时她已经是艳光四射的大明星了。我告诉我的大女儿拉斐尔说，会有一位仙女要来家里和我们一起吃午饭。伊莎贝尔确实是一位神奇的大美人，她的言谈话语间无时无刻不在散发迷人魅力。女儿拉斐尔是真的把她当仙女了。

在我 16 岁那年，直长发的潮流开始在大街小巷风靡起来。我也心心念念地要把自己的一头长发拉直，任什么也无法阻挡我那颗追逐时尚潮流的青春少女心，即便母亲也无力阻止。然而，各种美发处理程序和高温也实实在在地让我的头发吃到了苦头，之后很多年里我都需要额外注意头发的护理和修复。我经常去凯伊黛美发沙龙，他们的精油和重组发膜护理特别滋养。

有很长一段时间我都自制护发素：将两个蛋黄和一茶匙朗姆酒搅拌在一起，涂抹在头发上轻轻按摩，再彻底清洗干净。然后，取 1 升矿泉水，加入柠檬汁，或者几滴来自圣塔玛利亚诺维拉香水制造厂的 Aceto da Toilette Violetta，对头发进行最后一遍冲洗。

我还用过一段时间蓖麻油，将其均匀地抹在头发上，之后戴上浴帽保持一个小时。不过这种方法不太实用，并且蓖麻油的气味也不太讨喜。一个小时后，再用洗发水洗两次头发，因为蓖麻油很难洗掉。

要知道，当年的洗发水比如今绝大多数品牌的洗发水都更有刺激性。不知道如今这些温和、无硫酸盐成分的洗发水是否能轻松洗去满头蓖麻油。

如今，有时我会在洗头前两小时为头发涂上椰子油，甚至会让它整夜停留在头发上，到第二天早上起床后再洗去。这样的方法能让头发变得更柔软顺滑。

至于我自己，我年轻时特别羡慕大明星碧姬·芭铎的发型。她曾带动一股崭新的美发热潮，我还记得那款发型名叫"saut du lit"。她那头浓密的金色自然卷发总给人一种刚起床的慵懒蓬松感，甚至还带有一丝再去睡个回笼觉的意味！然而实际上她已经起床工作好几个小时了。如今，芭铎式浑然天成的发型风格依然是最好的选择，简单的分层修剪，便于日常打理，只需几分钟就能轻松梳理成自己想要的造型。

对于我和我的闺蜜们这一代人而言，美发造型的概念不外乎是常规的洗剪吹，并不涉及在头发上尝试各种大胆的色彩。我们去社区的理发店就像去药妆店一样便利，出了家门随便走走就能看到一两家。我每隔几个月就会去简单修剪一次，剪去发梢的分叉，保持头发健康……直到我不幸成为社区理发店新来的理发师的牺牲品。他可能当时还没出徒，把我当成了练手的靶子。换句话说，我的刘海被他剪得一塌糊涂，简直就是场灾难。直到今天我的闺蜜们依然记得我这桩糗事。

经过那次令人极度沮丧的经历之后，我痛定思痛绝不再冒险。例如，我之前一直拒绝改变发色，直到最近，我才勉强答应让纽约市朱利安·法雷尔美发沙龙的天才染发师马里斯·安布罗斯为我头上的几根白头发染色，这个决定完全出于对她的信任。

然而，直到几年前我自己的头发开始出现问题，我才真正意识到头发健康的重要性。

正常情况下，我的头发很浓密，但整体质感会突然变薄，并且看起来就像没洗干净，但我并没有脱发的问题。奇怪的是，刚洗完头的一段时间里状态还不错，然而最多维持一个小时，之后它们就会变得软塌，毫无生气。这令我无比沮丧，于是只得开始戴一种类似假发辫的发带，企图营造一种虚假的蓬松体积感。然后，我数了数自己回巴黎与家人团聚的日子，因为我已经预约了专门从事头皮健康研究的皮肤科医生芭芭拉·吉德。她告诉我，这是银屑病，可能是由精神压力引起的。尽管我依然认为自己当时并不存在精神压力的问题，但生活往往就这么无理取闹，你永远不知道它会给你带来什么"惊喜"。吉德医生给我开了一些清洁和治疗头皮的药品，还有一些锌药片，用于增进头发健康。之后短短几天时间我就看到了效果，整个人的心情也随之好了许多。

所以，如果你发现自己的头发出现任何异常状况，不要自行诊断，及时就医寻求专业的帮助和建议。或许只是对新买的洗发产品不适应，也可能跟我一样是心理压力引起的问题。

克里斯托夫·罗班与大卫·马莱
关于头发护理的专家建议

克里斯托夫·罗班和大卫·马莱是法国最著名的两位美发师，他们的造型风格在一如既往地保持时髦前卫之余，还不时注入一些清丽自然的风情，可以称得上是伟大风格的代名词。所谓"英雄所见略同"，这两位出色的美发大师对于头发的居家保养问题也提出了许多相似的建议。

洗头不要过于频繁

不管有没有染发，对大多数女性来说，一周洗两次头是最合适的。如果你不得不每天洗头，比如每天要健身锻炼、下厨，或者抽烟，又或者居住的地区污染较严重，那么尽量使用清洁乳膏或不含硫酸盐成分的洗发水，务必彻底冲洗干净。"不用抹两次洗发水，一次就够了。"克里斯托夫说。

大卫：过度清洁是引起各种头皮问题的主要原因之一，尤其是用太烫的水洗头。因此，将洗头的频率控制在合理范围，有利于环保、节省时间，更有益于增进头皮健康，还能让染发效果更持久，可谓一举多得。

清水冲洗干净

大卫：人们常犯的一个大错误就是没有将头发上的洗发产品冲洗干净。这会导致头发扁塌，没有光泽。所以，请务必将头发彻底冲洗干净。

使用矿泉水

大卫：对头发来说最难的事情之一就是水。所以，如果你用软水或者矿泉水来洗头，它们能更好地去除头发上的护发素残留。这样一来，你的头发会更美丽柔顺，富有光泽，头皮也会感觉更透气清爽。另外，如果你居住的地方水质较硬，你还可以在家里使用矿泉水冲洗，这并不奢侈浪费。可以用依云矿泉水对头皮和头发进行最后一次冲洗，之后你会发现头发显现出迷人的健康光泽。

自制醋洗发水

大卫： 我最喜欢的厨房烹饪用品就是苹果醋，我认为这是最好的天然护发产品之一，味道闻起来也不错。买一瓶 1 升装的依云矿泉水，将其放入冰箱冷却。之后在矿泉水中加入适量的苹果醋，淋浴结束后用它来冲洗头发。

克里斯托夫： 我最喜欢用圣塔玛利亚诺维拉香水制造厂的 Aceto da Toilette Violetta，或者蒂普提克的香醋微醺香水。它们和苹果醋的效果一样好。将头发上的洗发水和护发素冲洗干净之后，在碗里加入几滴醋，倒在头皮和头发上，不要冲洗，它能溶解头皮上所有的化学残留物，保持头皮清爽不油腻，还具有一定的抗菌作用。此外，它还会给你的头发带来惊人的光泽感和轻盈感。这是个土方子，但确实有效！

你也可以在发根处喷上一些醋溶液，去除多余油脂。具体做法是：在喷瓶中加入 5 滴苹果醋和 5 盎司清水，用它取代干洗香波。不但没有残留，还能对头皮起到神奇的滋养效果。

买一把好梳子，好好爱护它

大卫： 梳子的品质非常重要，使用劣质梳子或塑料梳子会给头发造成较大的压力和损伤。我个人认为世界上最好的梳子是梅森 · 皮尔森家的。好好爱护使用，它能陪伴你很长时间。每隔一段时间，用温热的肥皂水将梳子清洗干净，然后对其进行保养。我个人的做法是：把所有的梳子都涂上发膜，静置一会儿再冲洗干净，一定要彻底冲干净。之后你的梳子闻起来会很香，对你的头发也有好处。我有一些客人说她们已经两年没清洗过梳子了……每个月至少清洗一次。另外，不要过度使用梳子，有时也可以用手指梳理头发，手指头比梳子柔软多了！

服用营养补剂，改善头发和头皮健康

大卫： 啤酒酵母是一种营养食品补充剂，它有助于头发再生以及滋养头皮，对增进皮肤和肠道健康也很有益处。啤酒酵母富含益生菌，是一种极好的调节剂。经常服用会让你更有精神不易生病，令你的头发更顺滑闪亮，维持更长时间的清洁效果。此外，还能令双眼更加明亮有神！

洛兰： 头发一直是我的软肋，这些年来我尝试过各种各样的治疗方法。啤酒酵母对我的效果很不错。长期坚持服用感觉会更好，你会拥有美丽的头发，还能长时间保持头发清洁清爽。另外，我还使用生物素，包括 Biotine 和 Bépanthène 牌的各一瓶，用于头皮按摩，每周三次。每天服用两次 Nourkrin 胶囊（一种英国防脱发保健品）。此外，Dexsil Pharma Organic Silicium 不但对我的头发生长起到了很好的效果，还让我的指甲变得更结实，关节也变得更灵活。

拉斐尔的日常洗护发程序

我姐姐拉斐尔拥有一头令人艳羡的浓密秀发，她在头发保养呵护方面花了不少心血。她给我介绍了她的秀发常规保养方法。

💜 沐浴洗发前，先用一柄高品质的梳子将头发梳理整齐，这个举动有助于将头发的天然油脂从顶部带到发梢，在洗发前事先起到一定的护发作用。未雨绸缪，头发打湿以后会比任何时候都脆弱！

💜 仅在头皮部位使用少量适合自己头发类型的洗发水，然后用水将其乳化，再用手指腹（不要用指甲）轻轻按摩头皮，不要揉搓在整个头发上。不必纠结于泡沫是否丰富，许多不含硫酸盐成分的洗发水几乎没什么泡沫，但它们却拥有非常出众的清洁效果，这只是个心理适应的问题。

💜 将头发彻底冲洗干净（按照大卫和克里斯托夫先前推荐的方法），轻轻拧干头发上的水，如果还没洗完澡，可以用毛巾先将头发擦至半干。尽管不能在头发完全干燥后再抹护发素，但也不能把护发素抹在完全湿透的头发上，不妨想象一下在嗒嗒滴水的脸上涂面霜的情景！

💜 护发素只能用在头发上，不要按摩头皮。如果手头有时间，可以让护发素在头发上渗透 3 ~ 5 分钟。然后再梳理头发，并且花一些时间将头发头皮彻底冲洗干净。

💗 之后，轻轻地挤出头发中多余的水，但不要揉搓。如果有可能，尽量让头发自然风干。（虽然你不希望披着一头湿漉漉的头发到处走！）用毛巾尽可能将头发擦干，因为头发在湿润的时候很脆弱，动作尽量轻柔，不要拿毛巾用力摩擦或按压湿发。

💗 如果打算使用吹风机，请使用中温或低温吹干头发，吹风机出风口需要与头皮保持安全距离。

💗 头发完全干燥后，可以在头发上涂抹澳洲坚果油作为润发精华素或增亮油，豌豆大小的用量即可。具体做法是：将油倒在手掌心，揉搓双手，直至手指完全沾满油；然后将带油的手指轻轻插入头发中，充分梳理和按摩头发与发梢。

💗 有时我也会将澳洲坚果油涂在头顶上某些张牙舞爪不太服帖的发丝上。警告：使用吹风机之前，千万不要在头发上抹油，否则可能会灼伤头发。

💗 如果你留长发，最好在睡前将其梳拢，然后试着在头顶编一个简单松散的发髻，这样睡觉时长发就不会整夜散开摩擦枕头。

💗 如果去阳光海滩度假，下海游泳或者离开泳池之后请尽快彻底清洗头发，因为海水中的盐分以及泳池中的氯对头发非常有害。虽然海里冲浪的金发美女样子很酷，但她绝不会希望自己的头发因此变得毛躁干枯。

关于染发

随着时间的推移，头发会逐渐失去原有的颜色。这是因为人体内黑色素的生成和毛囊中的色素沉积（也决定了你的肤色）会随着人的年龄增长而逐渐减少。此外，另一个影响发色的就是遗传因素，它意味着我们无法控制自己的头发何时变白，以及变白的程度。

幸运的是，如今有这么多的染发选择、更健康的产品配方、更低的过氧化氢含量，以及各种有助于减少化学物质对头发造成伤害的美发保养产品。我的建议是：尽可能延迟染发。正如我之前提到的，即使有更先进的技术和更温和的配方，或多或少都会给头发带来损伤。但假如你已经打定主意，那就放手去做吧，给自己找点乐子也不错！找一位技艺精湛的染发师，先听听他的专业建议，就当上一堂彩妆课。（如果想在自己居住的地区找到一位优秀的染发师，最简单的办法是睁大眼张开嘴，看谁的头发上有你喜欢的颜色，就上前询问。）

天才染发师克里斯托夫·罗班谈染发

如果要问哪个法国男人最了解法国女人对染发的态度，那一定是超级明星级的染发师克里斯托夫·罗班。他告诉我说："法国女性对于染发的态度更偏重于舒适感和易于保养，她们更喜欢自然的染色风格，能更好地反映她们的个人特质和性格。黑发美女很清楚要染成金发有多困难，并且还得在日常保养维护上下大功夫。法国女人大多会将舒适感放在首位，无论是服装、美甲还是染发。她们会花一个小时做美甲，但至少要维持一周以上。"

克里斯托夫 15 岁时便开始在老家小镇上的一家发廊里当学徒，17 岁那年他只身闯荡巴黎，为让·路易斯·大卫的美发沙龙工作。后来，在欧莱雅品牌的一次广告大片拍摄中，他得到了一次宝贵的机会，为超模斯蒂芬妮·西摩设计头发颜色。广告一经推出便大受欢迎，之后克劳迪娅·辛弗以及艾尔·麦克弗森等超模纷纷聘请他为自己设计发色。由于他的沙龙只专注于色彩，因此异军突起取得了巨大的成功。他解释说："那时候，想要找地方护理干枯的头发很容易，但是能进行染后护理的就难找了。"毫无疑问，拥有一头标志性金发的大明星凯瑟琳·德纳芙也成了他的常客和好友。克里斯托夫的专业意见将帮助你做出正确的色彩选择，并且对于染后保养护理也能起到很大帮助。

我认为无论做何选择，最重要的是与自身的年龄相符，坦然大方地接受自己的真实年龄。假如你已经上了一定年纪，却还执意染一头时尚前卫的银灰色，结果只能让自己更显苍老，这跟化妆是一个道理。不计后果的"装嫩"不合时宜，又得不偿失。

最好的染发效果就是让别人看不出染过，尤其是用于遮盖白头发的时候。以 50 岁左右的黑发女性为例，假如想要遮盖白头发，那么黄铜色或红木色就肯定行不通，让人一眼就能看出染过。染发最难的一关就是保持自然。

对于十几二十岁的年轻女孩，尝试再疯狂的颜色也无伤大雅，但是到了 30 岁，就必须找到适合自己的发色。而当你年过 40，选择与自己真实年龄相符且看起来更自然得体的颜色就尤其重要。如果你喜欢特别深的发色，尤其是黑色，那么你需要注意一点，黑色会弱化脸部其他较深的色彩。许多 60 多岁的女性倾向于尝试更浅一些的颜色甚至是银灰色——她们认为对于自己目前所处的年龄段而言，这一类色彩会更性感、更精神。然而事实并非如此！随着年纪慢慢变大，眼周的黑眼圈和皮肤上的色斑日趋明显，眼睛也开始失去神采，变得黯淡。如果这时你的头发颜色过于浅淡，脸上的各种小缺陷瑕疵在与发色的对比下，非但无法得到掩饰与弱化，反而会更加突出放大。看看凯瑟琳·德纳芙，她已经 70 多岁了，金黄的发色呈现出各种细微的色调差别，尤其是低亮度的暗调子，让她看起来既酷又年轻。低亮度暗调子的色彩能暖化肤色，柔化脸部，从视觉上抹去眼部的黑眼圈，弱化皮肤色斑的视觉效果。

染后养护也很重要。为了维持发色长久，必须用心护理。我的建议是每周做一次染后护理，尽可能保养好你的头发。这样，发色便能保持更长的时间。在美国，他们会使用一些我们在法国根本不用的技术，例如，在不同颜色间进行着色处理，一次着色处理含有 10 体积氧化剂成分（这里的"体积"是添加至漂白剂或色素中用于引发反应的物质的专用名词，通常染一次发会用到 20 ～ 30 体积），少量氨和色素。尽管它们只在头发上停留 10 ～ 15 分钟，但也会造成额外的氧化。这就有点像是在干燥缺水的皮肤上一层又一层地涂粉底。

在法国，我们宁愿多花一个小时做发膜，效果会持续一周左右。例如，每周敷一次补水发膜，整晚都敷着它睡觉，这是一种理想的保养方法，就像使用不含洗涤剂成分的洗发水洗头一样必要。你会用刺激性的洗涤剂清洗你珍贵的羊绒衫或者真丝衬衫吗？不会吧！头发也是一样的道理。

假如你还年轻，头发并没有变灰白，但天生的发色总显得过于呆板（尤其是银灰色头发，往往给人一种疲惫和不太健康的感觉），这时你就需要为头发增添一些浅金色。可以使用百分百纯天然的金色散沫花粉，将其与日常使用的护发素混合后涂抹在头发上，保留 15 分钟，之后再彻底冲洗干净。这样的做法既能改善你的肤色，又不用改变头发颜色，只是简单地为头发进行了一些提亮处理。另外，如果有时候头发看起来扁塌、不够蓬松，也可以为脸部周围的头发做一些高光增亮处理。

染发前注意事项

如果你自己在家里染过头发，你就知道染发剂的说明书上总是会要求你先做过敏测试。这表示你得先在手臂内侧的皮肤上涂一些染发剂，等待 24～48 小时，看看是否对染发剂有不良反应。大多数人往往会忽略这一步，但实际上非常重要。一般情况下，染发剂过敏的案例不多见，不过一旦发生，会对你的身体健康带来非常严重的损害。

我怎么知道的？有事实为证。我母亲曾对她使用的染发剂中的 2,5- 二氨基甲苯（常见于汽油中的一种溶剂！）过敏，而且这种过敏反应影响了她很长时间。多年来她一直在使用染发剂，但直到这种化学物质在她体内积累到一定数量，她才开始对其产生反应，主要表现为严重的倦怠乏力感。之后通过血液检查分析，她才得知造成这种情况的原因。她自己也惊呆了。

幸运的是，当她停止使用这种品牌的染发剂以后，不适症状就消失了。现在她只使用有机染发产品，虽然染色效果不如普通染发剂强，但仍然能很好地掩盖白头发。

底线：仔细阅读染发剂说明书，每次使用前都做过敏测试。如果有不良反应，请停止使用。注意，如果在头发上使用某种过氧化物，它会损伤你的头发，甚至可能导致脱发。如果症状恶化，或者你突然对以前使用过但从未发生问题的某种染发剂（或护发产品）产生了不良反应，请尽快咨询皮肤科医生。

头皮排毒护理

几年前我采访过的一位美容专家告诉了我一些很有道理的事情："保养好脸上的皮肤，这没问题，但头皮也是皮肤，为什么人们却不怎么在意自己的头皮呢？它跟你脸上、脖子上的皮肤一样，都需要多加呵护。"

直到吉德医生诊断出我得了银屑病，我才意识到这是个实实在在摆在我面前的问题。克里斯托夫·罗班为我揭开了谜底："染发时，化学物质会进入你的头发和头皮。随着时间的推移，你可能会慢慢对这些化学物质变得敏感甚至出现较严重的过敏反应。另一个原因与洗发产品和粉底中常见的硅油有关。很多时候，女性在洗头的时候并没有把头发上的洗发水残留洗干净。所以，一定要彻底冲洗，直到头发摸起来甚至有些脆的感觉。硅油很容易残留在头发和头皮上，导致头皮无法正常呼吸，严重时还可能导致脱发。这就是为头皮进行排毒护理的重要意义。"

我的许多油性头皮的朋友都非常信赖克里斯托夫·罗班专门针对头皮问题设计的海盐净化磨砂膏——这款产品在染发后立即使用效果非常明显，尤其是对于油性头皮。

发型：那些美发师教给我的二三事

"女人剪发，意味着她将要开启全新的生活。"

——可可·香奈儿

大卫·马莱有本事让每一位去他那儿的女人都美艳如花、心神荡漾。他说："一个女人去找美发师的时候，也就是她想变美的时候，这是亘古不变的真理。唯一的区别是，巴黎的美与众不同。于我而言，法国的美，巴黎的美，是一种低调的美，哪怕身后费劲巧思，也只为人前展现浑然天成。它不事雕琢，不屑于塑料花的毫无生气，它是源自内在、高度和谐统一的平衡之美。这种美，像法国花园，也像法国美食，既无怪诞离奇，又不出人意表。法国女人不美则已，美则惊艳。"

那什么会阻碍这种美呢？他补充道："油腻的发质、单调的烫发或者僵硬的造型。我喜欢自然随意的头发，我喜欢光泽顺滑的头发，我喜欢香味怡人的头发，我喜欢活泼生动富有律动感的头发。真正的美发，无论对男人还是女人都极具诱惑力，这是一种超越性别差异的魅力。"

精辟！正如可可·香奈儿标志性的黑色波波头，她内心当然深知一个好发型所拥有的力量。

雷吉娜： 1951 年，凯伊黛姐妹在巴黎圣奥诺雷路开了一家美发沙龙，售卖精品发饰，是巴黎第一家出售宽边黑色天鹅绒发带的美发沙龙。这种发带的外形具有一种迷人的简洁之美——既能让女人精致俏丽，又不带一丝浮夸造作。在大多数女性仍然保持着僵硬的发式风格的时候，这种发带无疑为巴黎女性增添了一抹难以抗拒的性感风情。

大约 10 年后的某一天，我把原先留的一头美丽的长发剪短了，因为这种短发在当时非常流行。然而当我剪完头兴冲冲地回到家时，我丈夫却勃然大怒，那是由于当晚我们要出席一个非常正式的场合。情急之下我只得跑去求助凯伊黛美发沙龙可爱的玛丽亚·凯伊黛。谢天谢地，她用假马尾辫帮我做了一个发髻，接在我原本已经剪得很短的头发上，但看起来与我自己的头发别无二致，特别优雅。直到今天我依然不知道她是用了什么妙法子将假发髻接上去的。

凯伊黛姐妹教会了我如何打造令人眼前一亮的优雅发型，这多亏了"postiche"（我们法语中所说的"发髻"）。如今的法国女性早已不再迷恋于盘发和圆面包似的发髻，她们更喜欢蓬松自然飘逸的发型，但是，假如某天你心血来潮想要打造一种别出心裁的曼妙风情，或许一个"postiche"就会立马让你大放异彩。

洛兰： 大多数法国女性都喜欢看起来既时髦有型又给人一种未经雕琢、浑然天成的发型风格，我们倾向于自然随性之美，如果不完美，那就更好了！最好就像碧姬·芭铎那种"刚起床"式的美！我们努力改善自己眼下所拥有的，即便它不易驯服。同样，我们也不会纠结于某种自己特别渴望拥有但又清楚地意识到它并不适合自己的发色。法国女性不会一味追求发型的体积感，更注重充满律动与生命活力、柔和又性感的美。

许多年以来，我最爱的美发场所始终是凯伊黛。凯伊黛姐妹的侄子克里斯托夫才华横溢，他很清楚地知道什么样的长度和造型能完美衬托你的脸型。在我二三十岁的时候，诸如凯瑟琳·德纳芙等巴黎社交名流都会聚集到凯伊黛美发沙龙，等着做发型，大家都清楚，这值得等待。还记得有一天，大名鼎鼎、美丽优雅的凯瑟琳·德纳芙恳求我让她插个队，因为当天晚上她要在自己位于圣路易广场的家里举办舞会，女主人无论如何也不能迟到！在那些年里，巴黎还有很多大型聚会，女士们会顶着一头精心打造的发型在聚会上亮相。

至于我自己，我学会了"一招鲜"，它已经无数次救我于水深火热，即便披头散发地冲出公寓也不致失了优雅体面，它就是弹力束发带。只要像普通发箍一样戴上，就能让头发看起来像专门编过一样。此外，发带的质量很重要，高品质的发带就算整天戴着也不用担心头发受损。

这些小窍门我很受用。虽然一部分女性朋友喜欢经常改变头发颜色与造型，但也有另一部分人不喜欢拿自己的头发冒险，常年都顶着相同的造型，并怡然自得（只要不是几年如一日就行），而我毫无疑问属于后者。

我最有意思的一次美发造型经历是和我最好的一位闺蜜在一起的那次。她是韩国人，头发又密又直，想去做个轻烫波浪卷。于是，她带着我一道去了纽约韩国城的一家美发沙龙。我们头上戴着各种发卷儿和发夹，开开心心地在一旁等待。和她一起去那儿的感觉很特别，因为她会指着美发沙龙里专业造型杂志上的照片，用韩语跟造型师交流沟通自己想要什么样的效果，并确保造型师听明白了她要的东西。谢天谢地，她告诉造型师我只是想稍微烫一点点小波浪，越不明显越好。我可不想冒险拿自己的头发做试验！

听美发造型专家大卫·马莱谈美容美发

法国著名美发造型师大卫·马莱曾为无数女明星、顶级超模、社会名流做过造型，其中最著名的就包括凯特·温斯莱特、安迪·麦克道维尔、夏洛特·兰普林、黛安·克鲁格、伊莎贝尔·阿佳妮、朱利安·摩尔、玛丽昂·歌蒂亚、娜奥米·坎贝尔、佩内洛普·克鲁兹，以及莎朗·斯通等。在过去20年里，他还携手全球最具影响力的摄影师们，共同创造了许多极具代表性的经典时尚广告。

所有走进大卫的发型工作室的客人都会瞬间放松下来——工作室的环境超级时尚舒适，首先映入眼帘的是一只巨大的鸵鸟造型的绒毛玩具，除了那种四周全是灯泡的发廊式大化妆镜之外，还有一面"玛丽·安托瓦内特"镜子。这就是大卫施展美丽魔法的地方。来听听这位造型大师自己是怎么说的。

我始终认为大多数女性犯的一个通病就是"过度"——染色过度、修剪过度、造型过度。即便一个发型的创造过程无比繁复，但它最终应当呈现一种简单轻松、唾手可得之感。我发现那种随性之美真的很重要，我们绝不怠慢任何一位客人，但我真的很喜欢那种最终效果看起来不费吹灰之力的美发造型。当然，我绝对是使出了浑身解数的！这对我来说真的很重要。所以，这种唾手可得的美就是你的美发造型师应当传授给你，让你自己在家就能实现的。这样，无论是周五晚上出门，还是周日早上起床，你都会一样漂亮。将美融入每一天的生活。

法式居家美发造型

著名的弗雷德里克·菲凯是美国最成功的美发造型师之一，他的美发沙龙风格超级时尚，各种美发护发产品也极尽奢华。最近，他推出了全新的来自普罗旺斯地区艾克斯的纯天然居家护理产品系列。除此之外，他还教了我一招，在家自己动手打造具有法式风情的美发造型。

时髦别致又颇具休闲感的发型：高／低马尾辫

💜 首先，用梳子梳理头发，之后在梳子上喷一些亮发柔顺发胶。

💜 接下来，将头发向后梳成马尾辫造型，再取一个松紧发圈固定住马尾辫。

💜 从马尾辫顶端至末端再喷一次发胶。

💜 将马尾辫固定在想要的高度，再用发圈多绑几圈将其扎紧。

法式包头

💜 先将头发拨至一旁。

💜 在梳子上喷洒亮发柔顺发胶。

💜 把头发向后梳，扎成马尾辫。

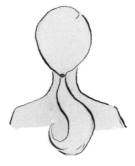

💗 将马尾辫扭成长条并卷起来，再用发卡固定成香蕉状的发髻。

 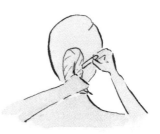

💗 取一个大发夹，卡紧整个马尾髻，再用一些小发夹分别固定好细部的扭曲造型。

💗 用梳子轻轻整理头发，最后用细喷雾发胶定型。

吹发

💗 在发根部位使用少量的丰盈摩丝或者发胶。

💗 将头发倒转过来吹干，主要集中在发根部位。

💗 用一把圆形梳子将头发向后梳，梳子的尺寸视头发长度而定（短头发用小圆梳，长发用大圆梳），用带有喷嘴的吹风机吹干头发。

💗 一定要套上吹风机的喷嘴，这样可以准确地引导热风。

💗 沿发根至发梢的方向从上往下吹，这样就能避免因温度太高而损伤头发角质层。

增加头发的丰盈饱满度

💜 一定要在发根处使用丰盈摩丝或发胶喷雾。

💜 倒转头发用吹风机吹干，之后再做发型。

短发造型

💜 我喜欢用造型啫喱或发蜡来打理短发造型。

最好的造型工具

💜 一把性能卓越的吹风机。最新款的戴森 Supersonic 吹风机是上佳选择。

💜 天然鬃毛梳。

💜 我不是特别喜欢直发夹板，陶瓷夹板除外。

💜 卷发器也是如此。

我们最喜欢的美发产品

洗护及造型产品

轻熟期：康如、卡诗、约翰大师有机物和 Captain Blankenship 品牌的洗发水。另外，可以试试康如的干洗洗发水。偶尔使用，不要太过频繁，否则会影响头皮自由呼吸。

造型方面，我最喜欢的产品是一款法式发辫与发带相结合的假发，以及 L.Erickson 的 Grab & Go 马尾辫发夹，它触感柔软不伤头发。

绽放期：Rahua、澳洲天然坚果油焕颜洗发水，以及大卫·马莱、克里斯托夫·罗班和 Leonor Greyl 等个人品牌的洗发水。

至于吹风机，我推荐 CHI 的吹风机和戴森的 Supersonic 吹风机。

发根染色方面，Color Wow 品牌的发根遮盖染色粉是一款神奇的矿物质粉，如果错过了和染发师的预约，它可以帮助你渡过难关。

优雅期：馥绿德雅和发朵的洗发水及发膜。

适合所有年龄段女性

这些都是我们最爱用的产品，无论你25岁还是85岁都可以使用！

- ♥ 克里斯托夫·罗班个人品牌的仙人掌种子精油柔亮修复发膜。

- ♥ Leonor Greyl 茉莉花滋养发膜。

- ♥ 梅森·皮尔森的梳子尽管价格不菲，但物超所值，是值得你一生拥有的梳子。经常清洗保养，可以延长其使用寿命。

- ♥ 雅蝶喷发胶，目前同类产品中还没有哪一款能够取代它的地位。

头发健康

芭芭拉·吉德是巴黎著名的专治头皮头发问题的皮肤科医生，假如我头发出现任何问题，她是我求医问药的第一站。以下是她关于保护头皮与头发健康的建议。

我是皮肤科医生，主要治疗皮肤、指甲和头皮等方面的疾病。说到头发健康，主要包括头发易脆易断、掉发脱发以及头发整体外观等方面的问题——必须咨询皮肤科医生，而不是美发造型师。为了追求潮流时尚，许多女性往往会要求美发造型师为自己做一个巴西式的蓬松大波浪发型，又或者对头发进行可能会破坏头发 DNA（脱氧核糖核酸）的拉直处理。当然，刚做完美发时一切看起来很不错，但很快你就会发现头发出现严重受损问题。所以务必对此引起重视。

梳头时不要对头发太过粗鲁，动作越轻柔温和越好。对于优雅期女性而言，最好用自己的手指梳理头发，少使用梳子。并且，每周最好只梳一次头。使用宽齿梳子，以免拉扯头发。如果你开始脱发，不要使用吹风机吹头发，尽量让其自然风干。

我的很多病人都很担心脱发问题，通常我首先会对其进行甲状腺检查，不管病人多大年纪。如果甲状腺功能出现异常——无论是甲状腺功能亢进（甲状腺激素分泌过剩）还是甲状腺功能减退（甲状腺激素分泌不足）——就会导致脱发。这需要寻求皮肤科医生或内分泌专家的治疗，而不是去那些提供美发接发服务的发廊。他们往往只会向你兜售一些虚假的治疗产品，既浪费金钱又没有作用。

发型往往也是导致脱发的因素之一，这其中或许存在一定的文化因素。在某些国家，扎紧辫子是展现女性气质的标志，但这对头发的伤害非常大，很容易导致脱发。如果梳露额辫子，那么你的发际线很可能会随着时间的推移而越来越往后退。

如今还有另一个问题——接发。最近来了一位顶级模特，她向我坦言自己特别沉迷于接发。我不得不告诫她，解决这个问题的唯一办法就是把她的头发剪得非常短。如果她不悬崖勒马停止接发，我也无能为力。额外增加的接发重量导致了不可逆的脱发，她的头上到处都是秃斑的痕迹。某些有责任感的美发造型师会拒绝做拉直和接发，他们会建议给你换一个更美的发型。所以，不要盲目跟风追逐潮流。如果只是为了在某个场合或者聚会上闪耀一晚，又或者只是想换个造型，戴假发或者发片是最明智的选择。最后，饮食和精神压力往往也是影响脱发的重要因素。

女人都觉得自己必须得瘦得苗条，但是当你减掉太多体重后，你的头发可能也会开始跟着脱落，不能过度节食减肥。好在还可以通过补充维生素 B1、B6、B12，以及锌和铁等微量元素进行补救，它们有助于缓解因节食导致的脱发问题。众所周知，多吃水果和蔬菜有益于身体健康，头发也不例外。任何富含维生素 C 的食物，如柑橘等，都能起到改善头发健康的效果。

没错！世上有"毛发生物学家"这一说！

布鲁诺·伯纳德是世界上屈指可数的毛发生物学专家之一，他已经在该领域进行了 30 多年的专业研究。我发现他说的话对我非常有吸引力，尤其是当我们把头发视为理所当然，并不怎么在意它们的时候。以下是他告诉我的。

毛囊是人体最复杂的器官之一，一个毛囊大约包含 15 种不同类型的细胞，它们分布在 5 个不同的区域。我们的头皮上大约有 15 万个非同步生长的毛囊；每个毛囊都有自己独立的生长周期，这个周期往往有些混乱。头发没有固定的生长时间，不同的毛囊之间，甚至同一个毛囊自身也存在差异。不过，这种生长模式非常重要，因为它能保证我们的头上始终有头发。

有相当大一部分患者抱怨的脱发问题实际上是头发脆弱易断，尤其是在印度，许多女性都留着很长的头发。如果头发过度护理，尤其是长发，它们就很容易变得脆弱。随着时间的推移，最先受损的是头发的角质层，然后是根部，这是最常出现脆断的部位。

频繁使用吹风机不利于头发健康，染发也是如此。尽管由于激素作用，男性脱发的概率更高，但是女性的头发由于经常接受各种美发染烫处理，反而更容易受损。

营养也非常重要，因为这是头发得以健康生长的基础。应当多吃富含精氨酸的食物，例如家禽类、乳制品或大豆，以保持体内精氨酸的正常水平。但是，我们仍然很难知道还有哪些食物种类具有强健头发的作用。

如今，我们有针对不同程度头发损伤的治疗方法。我经常建议美发造型师测量头发的时间长度，而不仅仅是头发本身的长度。例如，假如你的头发每个月平均生长 0.4 英寸，而你的头发已经有 36 个月的发龄，那么在这段时间里，你的头发就可能出现很多问题。

不要盲目相信所谓"纯天然"护发产品的广告宣传，天然成分并不意味着它比化学合成的成分更安全。世上最猛烈的毒药和强效过敏原也是纯天然的——比如蛇毒和树花粉！而一部分化学合成成分反倒比某些天然成分更安全无害。世上没有万能法则。运用常识多思考，了解自己的需求——对别人有用的东西很可能对你没好处。

Part Five

第五部分

美好生活习惯

第九章

法式美容的
四大健康支柱

"在法国，生活是一门艺术，而女人是艺术家。"

——伊迪丝·华顿

我从来没有想过自己会最终定居在美国——我一直以为会是伦敦和巴塞罗那之间某个我喜欢的地方。但是当我跟一个"纽约客"订婚，再与他一起搬到纽约的时候，我的内心是异常兴奋的。我仍然清晰地记得 11 年前那个小阳春，身边的都市女孩们身穿质感顺滑的健身服，手里握着装在大纸杯里的拿铁咖啡，这一切给我留下了深刻的印象，这种生机与活力你永远不可能在早上 8 点钟的巴黎街道感受到。周末我总爱和未婚夫出门散步，途中会偶遇一些纽约朋友，她们头上梳着高高的马尾辫，时髦的瑜伽垫挂在身后，正在去练瑜伽的路上。那时的我只喜欢跳古典舞、游泳，而我身边每个认识的人都狂热地在健身房进行各种时下最流行的健身运动。作为一个法国人，我的成长过程中没经历过美国这种健身文化风潮。上学的时候，我们几乎从来没有进行过两小时以上的体育运动，并且大多数中小学和大学里都没什么像样的体育设施。我们的身体健康，就是吃得好睡得香——是的，当然，偶尔也会找点机会活动活动身体。

纽约的这种健康活力极富感染力，很快我就适应了这座城市的快节奏和生活方式。我尝试过法国芭蕾瘦身操以及其他各种新潮的健身方法，现在我坚持做有氧舞蹈、普拉提、瑜伽和游泳。但是我还是无法习惯穿运动鞋上班，或者只穿着健身衣就出门送孩子去学校——法国女人永远不会这样！（假如在学校跑步，她会穿一件风衣，既能隐藏许多所谓"时尚原罪"，看起来又很时髦。）我总是尽量将各种健身用品折起来，塞进通勤包的最底部。

我逐渐意识到法国人在这方面还有很长一段路要走，尤其是对孩子们来说，在学校里多参加体育运动和锻炼很有好处。运动带来的积极能量能让我们心情更好、学习更好、工作更好。但我同样清楚，健康的生活方式也不仅仅是每天到健身房跑步——从每天早上起床到夜晚上床睡觉，这是我们日常生活中最常规的过程。

读完这章，你会明白我的意思。这一章涵盖了法国人健康生活的四大支柱：合理的饮食、正确的姿势和呼吸、健身锻炼，以及法国式的睡眠。

支柱 1：饮食
原汁原味，回归本源

我童年生活中大部分夏天都是和家人一起在布列塔尼度过的。布列塔尼位于法国西北部，濒临大西洋。那里空气清新，海风习习，充满了法式乡间风情。几乎每天我都会和堂兄妹们一起带着渔网跑去海滩玩，尤其在退潮的时候，海滩上到处是海鲜，种类非常丰富，有时我们甚至能捞到数不清的鱼虾蟹蚌。那些虾个头很小，只要把虾头和虾壳剥下来，就可以吃了。早上，祖父祖母会去当地的面包房买好些新鲜面包回来，我们会把捞回来的虾摊在面包上，再撒上盐，和面包一起烤，美味的鲜虾让我觉得骄傲又开心。但大多数时候，我还没来得及吃，堂兄就先下手为强，悄悄溜进厨房把它们偷走了！那些阳光明媚的夏天让我领悟就地取材、现采现吃的新鲜饮食之道。

开学后我又回到巴黎，每天上学最盼望的就是课间加餐。我们会得到一小块新鲜出炉的法棍和几块儿黑巧克力。（绝不是牛奶巧克力！）微苦的巧克力融化在热乎乎的面包里，让人垂涎欲滴，大快朵颐！这样，整个下午我们都不会再觉得饿，直到吃晚饭。

那时的我们完全意识不到黑巧克力富含抗氧化剂和各种微量营养元素——我们只是觉得饿，贪嘴爱吃零食罢了。很多年以后我才意识到，除了早餐吃一点果酱或蜂蜜外，每天我很少吃糖，因此也没有发展出对甜食的特别爱好。但如今我却发现我小孩儿的同学们都特别喜爱吃甜食，这令我很担忧。如果你从小到大都爱吃糖——糖果一直都是你日常饮食的一部分，是一种享受——你的味蕾早已经习惯并且离不开糖，那么想要摆脱对它的渴望是一件很困难的事。

我们在巴黎居住的社区，大多数小食品店往往只出售一种食物——鱼贩永远不会卖猪肉，肉店里也找不到海鲜。我们会去专门的乳制品店里采购奶酪和新鲜的牛奶，然后去蔬果店购买瓜果蔬菜。我们知道自己要买的是什么——新鲜的食材。很值得引以为豪的是，我们当地的食品店出售的都是高品质的新鲜食材。因此，我后来搬去纽约定居以后，当我走进联合广场的 Whole Foods 超市，看到三层楼里摆满了琳琅满目的食品，着实让我大吃一惊。就像大多数欧洲人一样，面对一排又一排堆满海量食品的货架冷柜，我显得有些手足无措。我母亲的习惯是，如果必须买那种预先包装好的食品，那它的配料成分通常不要超过 3 种——我也是这样挑选巧克力的。当你阅读包装上的配料表时，表里的成分应该是从你外祖母那个年代就在用的东西。假如你不认识某些成分，尤其是那种名字一长串的化学添加剂，要么先弄明白它们是什么，要么还是老老实实选择那些自己心中有数且对身体有益的食品。

我们的烹饪方法相对简单，因为如果食材新鲜，配上一点调料入味即可，不需要样式过于繁复花哨。我们的膳食结构相对均衡：蛋白质含量很少，蔬菜和全谷物的含量要多得多。我们还遵循着法国人的一个美妙的饮食习惯：用餐结束时，吃一份美味而不甜腻的餐后小点——一份沙拉，浇上一点用橄榄油、红酒醋以及第戎芥末酱调成的油醋汁。有时我们还会来一杯清新怡神的洋甘菊茶，但很少在晚上睡觉前吃零食。

当时我没有意识到我们普通的一日三餐就是如今所谓的"地中海饮食"——富含蔬菜、水果、全谷物、橄榄油和少量动物蛋白，这样的高纤维低糖饮食有益身体健康。有点讽刺的是，这也是美国人曾经的饮食习惯——在 20 世纪 50 年代和 60 年代快餐食品和包装食品出现之前——那时候，久坐不动和超级肥胖的美国人比现在少得多，而且与肥胖密切相关的疾病（如 2 型糖尿病）也非常罕见。

我必须补充一点，我在成长过程中所学到的关于营养健康的知识也并非全都准确无误。我母亲曾告诉我樱桃含糖量太高，对身体健康有害，又或者"不要吃鳄梨，全都是油"这一类说法，因为老一辈人也是这样教她的。但我们忽略了最关键的一点：鳄梨中所含的不饱和脂肪（好的脂肪）与肥肉中所含的饱和脂肪（坏的脂肪）之间有很大的区别。（这就是为什么我现在每天至少吃一个鳄梨而不会考虑它的脂肪含量！）我们也一直都有吃红肉的饮食传统，尽管肉类来源都是法国本土草料饲养的牲畜，而且每一份的分量也比美国少得多，但还是建议多食鱼虾和蔬菜。

然而，有一件事情是千真万确的：在法国没有"儿童餐"一说，通常都是大人吃什么，孩子就吃什么。所以当我第一次在假期带着孩子去一个美国朋友家参加节日聚会，我很惊讶地发现，他们在一张桌上单独摆了满满一盘鸡块——这种食物法国父母绝对不会允许自己的孩子吃，桌子另一边摆着一小盘胡萝卜条，但假如有另一张桌子摆满了圣诞饼干和其他甜食，谁还会吃它呢？我反正不会！请把胡萝卜蒸一下，或者拿黄油炒一炒，至少烤一下。偶尔吃点鸡块或纸杯蛋糕当然也无伤大雅，但我还是决定教孩子们学会做出合理的选择。

后来我开始经常去意大利旅行，从意大利人（不是法国人！）那里我学到了一件事——把奶酪当作一顿饭的调味佐料，而不是主菜。这对我而言有些强人所难，因为我特别喜欢吃奶酪。但是当我看到意大利人用一个巨大的轮子把他们的帕尔马干酪磨碎，再撒在意大利面上时，我开始明白，也许仅仅一茶匙奶酪就足够为他们的食物增添特别的风味。如果食材本身具有鲜美的味道，只需一点点恰到好处的奶酪就能带给你的味蕾美妙的满足感。

我很庆幸自己从童年时代开始就被灌输了这样的饮食观念并养成了这样的饮食习惯——使用新鲜的食材烹饪简单而美味的食物。我喜欢下厨，只要不耗费我一整个下午的时间就行！我做饭的风格是快刀斩乱麻，在尽可能短的时间里准备好美味的餐食。在家下厨时，我喜欢打开电脑上的法语新闻频道，这样我就可以一边快快乐乐地做菜一边听新闻，倒也不觉得单调乏味。

我们的日常饮食还包括其他几个重要的方面。

围坐餐桌话家常

如果你看过法国电影，你就会发现电影里的场景通常都是围绕着餐桌展开的，它们往往会让你在看完后产生一种冲动，想要立马跑到最近的一家法国餐厅去坐坐，感受一切优雅美好！全家一起用餐是我们的民族传统，我的父母从小到大都跟他们的父母一道用餐，我小时候就是如此。如今，我要把这个根深蒂固的传统习惯保持下去，确保我们一家人在许多个温馨的夜晚都得以团聚在一起。

我想你已经对这个观念有所了解了，尤其是在你亲自去过法国以后。我也知道，当一个人事务繁忙分身乏术时还要保持这样的就餐习惯有多难。但我相信，作为一个家庭，尽可能多地围坐在一起共进晚餐非常重要。我丈夫、孩子和我通常吃得很早，我们会利用这段宝贵的时间听孩子们讲述她们在学校这一天的见闻和感想，同时也把我俩工作中发生的事情分享给她们听听，这期间所有人的手机都放在另一个房间。我们会慢慢地品尝食物，这对身体的消化吸收也大有裨益。即便餐后还有紧锣密鼓的工作安排，也有必要言传身教帮助我们的孩子养成从容不迫的用餐习惯，以及享受这一段与父母家人共度的美好时光。每次我都能明显地看出，孩子和丈夫从他们坐下来那一刻起直到用完餐离席，心情始终很愉悦放松。如果你单身一个人，保持规律的就餐时间和习惯同样重要，摆好桌子，盛上美味新鲜的食物，坐下来慢慢品尝。

面霜可以超大瓶，餐盘没必要

我想这对你来说肯定也不是什么新闻，但是某些国家（例如美国）的一些餐厅确实会提供非常大分量的餐食。而在法国餐厅用餐时，他们供应的食物通常会比你日常习惯的分量要小很多，没准还会让你感觉有些沮丧。我的美国朋友就经常取笑我说："你们这些法国人就是'抠门儿鬼'。"但法国人吃东西的分量确实不大。

对我来说，我也花了相当长一段时间来适应美国的超大份食物。我不喜欢浪费食物，更倾向于分量稍小一些的餐食。另外我还常吃素食，因为不太想吃太多的肉。

高热量饮料——塑料花朋友

改变固有的饮食习惯对于任何人而言都绝非轻而易举，但有一件事更容易控制，那就是每天你都喝什么——或者反过来说，你不喝什么。通常情况下，你很少会看到某个法国女人一脸满足地品尝奶油芝士百吉饼（除非她找不到新鲜出炉的羊角包），而且更难看见一个法国女人在咖啡店里点超大杯的拿铁或冰咖啡，或者超级甜的冰茶。我们通常会在咖啡店点上一小杯意式浓缩咖啡，站在柜台边上喝，或者自己在办公室里冲一小杯。

喝意式浓缩咖啡是我在意大利时养成的好习惯，对我来说，它的咖啡因含量恰到好处。在制作过滤咖啡或滴漏式咖啡时，我们将水从咖啡粉中过滤出来，这很可能让我们摄入过量的咖啡因。（一杯意式浓缩咖啡只有不超过 1 盎司的水和 40 ～ 75 毫克的咖啡因，而一杯 8 盎司的普通咖啡中的咖啡因含量在 80 ～ 185 毫克之间；一杯 20 盎司的超大杯星巴克"黄金烘焙"咖啡因含量高达 475 毫克，这恐怕只有在熬夜进行某些大项目时才会用到！）一小杯浓缩咖啡的热量为 1 ~ 3 卡路里，而一杯含糖的拿铁的热量则高达数百卡路里。我们通常很容易忽略饮料中的卡路里含量。

法国大多数家庭的小孩都是喝白水长大的。我父母可能会在午餐或晚餐时喝一杯酒，也可能在餐后来一杯意式浓缩咖啡，除此之外，其余时间都只喝白水。我小的时候从来没喝过苏打水，也很少喝果汁饮料，由于法国父母不给孩子提供苹果汁或其他果汁，孩子们也就无从养成喝甜味饮料的习惯。我们是一家之主，如果家里不提供这些饮料，孩子们便不容易对其产生期待和渴望，也就自然不会养成这个日后很难改掉的习惯。

我们家里总是常备瓶装矿泉水，这是一个特别的法式／欧式习惯，因为有来自法国本土和欧洲其他国家各种各样的天然矿泉水可供选择。每一种矿泉水都有自己独特的口味，通常取决于水中的矿物质含量。我母亲特别喜欢 Châteldon 和 La Salvetat，我姐姐喜欢依云和富维克。我相信很多法国人对于矿泉水口味的偏好早在他们产生具体的选择意识前已经形成，这种口味和品牌的偏好是父母们培养的。其他一些知名法国矿泉水品牌还包括 Thonon、Hépar（对肝脏有好处，还能用于缓解儿童胃肠道疾病）、Cristaline、Vichy Célestins 和 Saint - Yorre。在节食瘦身的过程中，我们还有一个值得信赖的朋友：Contrex 矿泉水。这种矿泉水中含有大量的钙和镁，所以有一种特别的味道。直到现在我还能哼出小时候在电视上听到的 Contrex 矿泉水广告歌曲。

虽然我从小被教育要养成喝矿泉水的好习惯，但也不会随身携带瓶装水，也没人操心自己一天到底喝了多少水。除了喝水，我还喜欢通过食用某些水分充足的水果和蔬菜来为身体补充水分，它们不仅热量低，而且美味可口。我个人最喜欢的补水果蔬包括黄瓜、石榴、苹果、杏、杧果、西兰花和菠菜。

维持体重，凸显曼妙

法国《观点》周刊一位名叫迪迪尔·拉乌尔的记者最近撰写了一篇关于法国独特的饮食习惯的文章，旨在探讨为什么法国人比世界上其他国家的人更少被卷入肥胖的陷阱中。

法国（和意大利）女性向来非常擅长于保持身材和控制体重，拉乌尔从一个有趣的历史角度解释了这一点——过去几个世纪以来，法国人的时髦风格与浪漫风情一直广受赞誉和模仿，世界上最先为了保持青春美丽而节食减肥的就是法国女人。

拉乌尔在文中指出，有研究表明，一个人多关注自己的外表对于改善身体健康能起到积极的作用。法国女人通常会认为自己身上具有一种难以言表的优雅之美，而曼妙的身材和体型又是"优雅"二字非常重要的组成部分。但这种优雅既非皮包骨的一副枯架子，也不是通过令人无比痛苦且超级严格的饮食控制（比如只吃黑巧克力！）而来，需要通过密切关注自己的日常饮食——吃过什么、吃了多少来实现，不可放任自流、不加约束。很显然，健康饮食能对人的一生产生深远影响，这一点毋庸置疑——就像那些从年轻时就开始进行美容保养的女人，她们的脸和皮肤比那些崇拜阳光的人们光滑细腻得多，皱纹也少很多。维持合理的体重，保持曼妙的身材，不仅是优雅的象征，还能预防因肥胖导致的 2 型糖尿病及高血压等疾病。

乔治·穆顿医生谈食补美容

好皮肤由内而外——这意味着保证充分的营养摄入，保持身体健康。著名营养学家和功能医学专家乔治·穆顿医生提出了一些关于食补美容的实用建议。

很重要的一点是多食用那些营养丰富的食物，在摄入最少量卡路里的同时获得最多的营养补充。蔬菜、水果、全谷物、海鲜、鸡蛋、豆类、无盐坚果和植物种子、脱脂及低脂乳制品、瘦肉和家禽都是丰富的营养来源。此外，这些食物的饱和脂肪含量较少，有的甚至不含饱和脂肪、钠或糖。这也意味着多吃新鲜的食物，尽量少食用各种加工食品或包装食品。天然的有机食材比任何加工食品的营养物质含量都丰富。每周吃一次红肉不为过，因为红肉中富含铁、锌和维生素 B12 等有益于身体健康的营养物质。（平常不吃红肉的人可以进行一些相关的身体检查，看看体内是否缺乏这 3 种基本微量元素。如果缺乏其中的某种或某几种，就应当考虑在饮食中增加一些红肉。）就蛋白质含量而言，白肉和鱼肉也是优质的高蛋白来源。

其他有益于皮肤健康的营养成分及来源：维生素 E（杏仁），维生素 D（鱼类），维生素 C（柑橘类水果），维生素 B（绿叶蔬菜，鸡蛋，玉米，坚果，家禽），维生素 A（鱼油），番茄红素（番茄），叶黄素（胡萝卜），辅酶 Q10（红肉，多脂鱼类），锌（牡蛎），硒（巴西坚果）。

至于糖，不存在"好"糖，这是无法逃避的事实。我更关注果糖，要知道，糖通常都是一半葡萄糖一半果糖。每天的果糖摄入量不应超过 1 盎司，除非你有很大的运动量。记住，水果中的果糖比高果糖玉米糖浆或其他添加糖类更健康。不要被产品包装迷惑，例如，某些包装上标明"无添加糖"的果汁尽管不含蔗糖，却含有大量果糖，购买时需留意包装上标明的含糖量。

有助于促进血液循环的食物

以下是来自梅里尼亚克矫形外科的卡罗琳·梅里尼亚克提供的一份有利于保持血液健康和促进循环的食品清单。当然，它们也有助于促进细胞生长和维持器官功能正常。如果循环出了问题，皮肤会因此变得粗糙不平且容易长色斑。

- 软皮无核小果及浆果（黑加仑、草莓、醋栗）。

- 鳄梨、鸡蛋、坚果、榛子、杏仁。

- 蔬菜：卷心菜、胡萝卜、红薯、甜椒、西兰花、南瓜、菠菜等。

- 辛辣味蔬菜，如洋葱和大蒜。

- 家禽、白肉、鱼或海鲜，少量的红肉。

- 不加糖的食物。

- 避免食用各种加工食品和包装食品。

- 可使用烤箱加热、烧烤架烤或者蒸熟等烹饪方法，适当添加一些脂肪（最好是植物油）。

- 少食高盐食物。如果需要食盐佐餐，一定要使用碘盐。

- 不时饮用红酒。红葡萄酒（不是白葡萄酒！）中富含一种有效的抗氧化物质——白藜芦醇。

| 关于吸烟的几句忠告 |

洛兰：有一次我跟戴安娜·弗里兰在一起闲聊，她问我是不是订婚了。我说："不，还没有！"之后她询问我男朋友是从事什么工作的，我告诉她我男朋友在卷烟厂工作。"香烟吗？"她问我，"是香烟吗？亲爱的，这可不行。香烟产业未来一定会消失。告诉他，不要再干这个行业了。"

戴安娜·弗里兰对时尚很有远见卓识，在她眼里，吸烟就是一种过时的潮流。尽管法国烟民数量已经大幅下降，但仍然有很大一部分人拒绝戒烟，他们要么刚开始吸，要么对此视而不见继续吸自己的，其实他们也并非不知道吸烟对自己身体健康的危害。这就是为什么这么多年以来，凡是去过巴黎或者法国其他一些城市的美国人回去之后都会留下深刻印象：法国怎么这么多吸烟的！

我小时候那会儿，几乎每个人都吸烟。随便找一家咖啡馆往那儿一坐，很快烟味就会随着热巧克力和羊角面包的香味飘到你的脸上。女人也吸烟，她们坦言自己最开始吸烟是为了减肥。

如果你仍想吸烟，请三思，因为戒烟绝非易事。香烟的危害性不容忽视。尽早戒烟，你的皮肤会感谢你，你的身体会感谢你，你身边的每个人都会感谢你！

支柱 2：站直
形体姿态及正确的呼吸

"笔直对齐即是启迪。"

——B.K.S. 艾扬格

我想你们都已经知道了我有多爱碧姬·芭铎。在她拍过的电影中，有两部曾经特别鼓舞我的心灵。这两部电影就是《蔑视》（1963年上映）和《真相》（1960年上映）。

在《蔑视》中，有一个令我记忆深刻的美丽场景，那是在意大利卡普里岛著名的马拉帕特别墅拍摄的。片中芭铎赤着一双脚，走在赭石色的礁石上，身后是一片蔚蓝的地中海。那不是普通的步伐，是舞步般轻盈飘逸的步子。从她双脚移动的姿势看，她就像只猫，永远一只脚在另一只前面，无与伦比的优雅。在《真相》中，也有一个令人心醉的场面。芭铎扮演的角色多米尼克醒来之后，打开音乐，赤裸着身体，在窗边翩翩起舞，她美丽的足弓形态和优雅的舞步令我深深着迷。不仅仅因为她浑身上下散发出来的自由随性的性感，还因为那优美动人的身姿。她让我的内心蠢蠢欲动，也想学着像她一样，挺直身子，优雅地舞动。

身体姿态是一个不常被谈及的话题，但它又比以往任何时候都更重要。在如今这个数字世界里，连蹒跚学步的小孩子都在用自己的小手划着 iPad 平板电脑屏幕，我们永远埋着头，几乎快忘了该如何抬头向上看。我并不是在开玩笑或者危言耸听，我敢说，唯一对此"喜闻乐见"的恐怕就数脊椎按摩师和理疗师了。因为就在我们埋头走路、刷手机，或者歪着头用耳朵和肩膀夹住手机的时候，我们的身体已经开始受到无声的伤害。还有长时间坐在办公桌前，无精打采地盯着电脑……难怪我们的头、脖子和后背总是会感到疼痛！

在我的成长过程中，每当全家人坐在一起用餐时，我们必须挺直上身端坐在餐桌前，这是规矩，父母也会时常把批评我们姿势的话挂在嘴边。尤其是在我十几岁的时候，那时我们的脊椎都太脆弱，而且背后也没有长出一只手，揪住我都快挡住整张脸的头发往后拉。"坐直了！"这是我的父母对我不厌其烦的呵斥。（我那些朋友们也是一样的遭遇，可怜天下父母心。）

在当时，那些翻来覆去的唠叨都快把我这个青春期的女孩逼疯了。然而时至今日，如果偶尔能听到他们唠叨我两句，叫我不要一副无精打采的样子时，我的内心是暗自窃喜的，因为我已经深刻地体会到了保持正确姿势有多重要。正确的姿势不仅能立即改善你的呼吸，加强核心肌群，而且还能让你以更自信的姿态展现在别人面前。然而，我还是时常忘记要挺直腰板儿。

人体的肌肉是有记忆的，如果你能越早为它们灌输必要的记忆，那么正确的身体姿态就能保持得越好。用充满力量与自信的身体姿态向他人展现自己，这一点非常重要。你需要提高自己的热情和精力，抬头挺胸地走在马路上，视线应当专注于水平面以上，而不是一直埋着头刷手机！这样，身体就能保持平衡。将肩膀往后拉伸，收紧腹部核心肌群。哪怕只是在马路上等红绿灯的这几秒钟就能完全调整好自己的身体姿态。每日提醒自己做到上述事宜，你便能轻松优雅地穿行在鸡尾酒会的人群中，一整晚都保持自信、有力的姿态。赫莲娜·鲁宾斯坦如魔咒般一遍遍地强调："失去优雅身姿，美一文不值。"最近的科学研究发现，人的身体姿势会对情绪产生直接影响，无精打采的姿势会影响我们的自尊与精神面貌。

而良好的身体姿态会无声地告诉身边的每一个人：你将以最美好的方式拥抱世界。将肩膀打开，拉伸脖子，无论站立还是坐下，保持后背挺直。让所有这些细节改变你，用优雅的体态展现最美丽自信的自己。

良好的身体姿态、律动感与灵活性

出生于奥地利的莉莲·阿伦是一名舞蹈演员及理疗师，她的职业就是帮助人们改善身体的姿势及灵活性。贝亚特丽斯·阿拉波格鲁曾是伦敦歌剧院的一名舞蹈演员，她与莉莲二人携手训练，在一起工作了 15 年，后来贝亚特丽斯接收了莉莲的客户。她们的训练方法融合了芭蕾舞和瑜伽的精华，即便你成不了专业舞蹈演员也能从中获益良多。贝亚特丽斯最近和我分享了一些她的经验和智慧。

脊柱的柔韧性和关节的灵活性非常重要，但这与增肌、让小腹变平或者锻炼蜜桃臀无关。人们总认为肌肉发达才是王道，实则不然。肌肉过分发达反而会影响甚至有损身体的灵活性，导致许多肢体动作都无法正常完成。当然，我们肯定需要结实的肌肉，但这里所说的肌肉是指深层肌肉。一般来说，通常人们锻炼的大多是表层肌肉，尤其是那些进行各种跑步运动的人。不过这也会给脊椎、臀部和胸部带来一定的损伤，快走运动就好多了！

混合进行多种不同的运动项目比每天进行单一项目的锻炼效果好得多，而坚持每天锻炼 20 分钟也比每周锻炼 3 次、每次 1 小时好。

深度伸展有助于调节拉伸肌肉。肌肉拉伸并不难，在家就能完成。你要做的就是向上同时举起双臂，向天花板方向尽量延伸，保持这个姿势 2 分钟。每天可以做几次。

对于优雅期女性以及正处于围绝经期或绝经期的女性来说，保持骨骼健康对于延缓骨质疏松和其他与年龄相关的健康问题尤为重要。如果无法与教练一起训练，你仍然可以伸展、移动、上下楼梯。训练过程中尽量不要负重，这样能给关节减少很多压力。

如果你的伸展训练开始得晚，还可以选择瑜伽。哈他瑜伽是最适合的项目。还有太极。游泳和慢走等运动对所有人来说都很容易实现。

记住，灵活的身体才是年轻的身体。想要保持青春，就得活动起来，这是健康的关键，即使对优雅期女性也是如此。长期坚持这样的训练，你便能更轻松优雅地行走活动，这是一桩美事。如果一位老妇人优雅而从容地向你走来，你会发现她不仅姿态很美，而且还很年轻。

符合人体工学设计的办公桌椅

脊椎按摩理疗师哈格普·阿拉贾坚医生分享的以下信息对于促进循环和保持精力充沛很有帮助。

请不要无精打采地瘫坐在办公桌前！我个人最喜欢的器材是一块瑜伽砖，当我坐在办公室时，我会将它垫在背部和椅背之间。它能立即帮助我调整坐姿，保持上身挺直。

当你坐下或者保持站立的时候，请确保头部和肩膀向后缩，让耳朵、肩膀和臀部处于同一条直线上。

使用电脑时，显示器的顶部应该略低于你眼睛的水平高度，大约一臂的距离。

当你坐在办公桌前，肩膀应该向后缩，下背部挺起来，避免无精打采的姿势。上臂与身体保持平行。

在使用键盘的过程中，手肘部位应当靠近身体的一侧，呈 90 度角，与此同时，双手在键盘上保持自然放松的姿势。

保持臀部和膝盖处于同一个水平面，大小腿之间呈 90 度角。

最好使用符合人体工学设计的办公桌椅，它们有助于你保持正确的姿势。

如果长时间在办公室工作，需要不时起身离开办公桌活动一下身体。

伸展运动和一些简单的核心训练需要每天进行，这样你的身体才能获得适当的保护和支撑。

正确呼吸

呼吸，这是我们再熟悉不过的事情，但如果你能学会如何正确地呼吸，你会感觉身心更加轻快舒畅。通过专注呼吸，你能更快地调节压力，获得更充沛的精力，因为你正在以身体最需要的方式给它供氧。

注册按摩理疗师克里斯托夫·马尔谢索除了在呼吸调整技术方面颇有建树之外，他还很推崇治疗性质的按摩。不要认为按摩是一种奢侈或放纵，正如他所言，定期按摩会让你感觉放松、调整、恢复精神、宛如新生。以下是他针对如何保持正确呼吸这一问题提出的一些宝贵建议。

我给所有年龄段的女性的建议是：专注呼吸，注意呼气。在日常生活中，我们大多数时候都处于呼吸暂停的状态，肺里充满空气，就像两个氦气球，几乎能把我们从地上提起来。我们甚至没有想过要把它们清空——然而呼气是如此重要。换句话说，就是要把气吐出去。吸气过程是一种反射，不用过多考虑，因为不吸气你会死掉！而正确的呼气方式是可以通过学习掌握的。

腹肌是呼吸肌，它们能使你的腹壁更结实。就呼吸而言，这种训练对身体另一个部位的肌肉也有好处，那就是横膈膜。横膈膜是你自身的按摩治疗师，能影响身体的血液循环。可以通过呼吸训练促使横膈膜按摩放松你的腹部区域。一些研究表明，腹部是人的第二个大脑。这项训练自己在家中就能轻松完成，具体的方法是：

（1）稳稳坐在椅子边缘。

（2）感觉到自己的坐骨触碰到座椅，挺直背部，向上伸展，肩膀保持放松。然后，合上嘴唇，在保持伸展的同时，使用鼻子尽可能长地平稳呼气。从视觉上看，你的肚脐应该有一个朝脊柱方向趋近的动作。用力呼气，直至感觉到腹部变紧绷。

（3）只要你愿意，可以时常进行这项呼吸训练。而想要取得最佳的效果，唯一的秘诀就是每天坚持。一开始你可能会觉得这是种负担和痛苦，但它很快就会变成令人愉悦的体验。正确呼吸为你身心带来的益处，是值得为之付出努力的！

支柱 3：
加强运动锻炼，保持生命活力

在美国参加夏令营期间，我人生中第一次了解到与我同龄的美国女孩们是如何锻炼身体的。毫无疑问，她们比我活跃得多！她们会参加各种各样的运动项目，满场飞奔、流汗，玩得不亦乐乎。当然，我在每个项目上都远远落后于她们。对我来说最糟糕的事情就是，我第一年参加夏令营时，她们认为我游泳非常差劲，不允许我独自进行任何水上运动项目。（其实我自己非常喜欢游泳，真是太丢人了！）第二年夏天，我没有让悲剧重演，但我仍然是最不喜欢露营的那一个。我们每天都要进行各种美国人热衷的运动训练，比如曲棍球、篮球、棒球和排球等，也不知道她们哪来那么多体力。

作为成年人，许多法国女性更喜欢传统的运动项目，比如拉伸运动、瑜伽和舞蹈，而常常容易忽视时下最新的健身潮流。一旦我们找到自己喜欢的教练和健身课程，我们就会坚持下去。正如贝亚特丽斯在本章前面一部分中所言，生命在于运动，热爱运动、充满活力的身体会让我们看起来更年轻。

所以，当我搬去纽约定居以后，看到中央公园里有那么多人在跑步，我确实很惊讶。但我很快就爱上了那里，常跟我丈夫和孩子们一起去骑单车，因为我发现它会带给我一种令人难以置信的满足感，永远不会感到孤独。事情总在不断发生，精力充沛与果敢坚毅总是那么极富感染力！

如今，我觉得自己更像一个地地道道的"纽约客"了。我变得很活跃，精力充沛，喜欢到处走，但和大多数法国女性一样，我依然不太喜欢某些会让肌肉增大的力量训练，感觉会因此失去女性特质和魅力。

正如我在本章前面部分所提到的，我的日常锻炼计划是，要么跳有氧舞蹈、练普拉提和瑜伽，要么每周游泳 30 分钟。周末天气好的时候，我还喜欢去中央公园骑自行车。当我回到巴黎，我就喜欢步行，走，走，走……当然，我还会去上贝亚特丽斯的课。

即使不参加高强度的训练课程，进行一些自己很熟练又很喜欢的运动感觉也很棒。人们总喜欢滔滔不绝地谈论自己在健身房怎么做有氧、增肌、上操课，以及健身上瘾等话题，我完全能理解其中的原因。你的身体知道你在为它做一些有益的事，自然会不断地向你索取。现在，我的大多数法国朋友都不愿错过自己日常的健身活动，并

且他们也更愿意让自己的孩子在课余时间参加各种体育锻炼。法国的
学校仍然很少举行每周一次的体育活动，甚至教学大楼里也没有健身
房或更衣室。我当年念书那会儿，从一年级到十二年级，每周只有两
个小时的体育课，换衣服要花时间，走到操场要花 20 分钟，返回教
室又要用去 20 分钟，我们每周能正经锻炼的时间连 45 分钟都不到。
而且，如果遇到刮风下雨或者糟糕的异常天气——巴黎经常这样——
我们根本都不愿意出门！

关键在"活力"

我经常和母亲以及外祖母讨论的一个话题就是她们年龄越来越成
熟后身体的感觉。她们告诉我说，如果你在情感上和生理上都做好了
准备，那么带着优雅平和的心态慢慢变老就很容易。对我母亲来说，
生命的活力是关键。这是你成熟之后最想要留下的东西。

所以我母亲始终坚持做普拉提和拉伸运动。休假有空闲时，她
还会进行更多的运动。她一直是我们家引领时尚的先驱人物。我还
记得她很多年前买过一套水上体操器材，你可以在游泳池里拿它来
锻炼。后来她开始参加水上自行车课，这种泳池内进行的运动项目在
当时还不是很流行。还有一件让全家都大吃一惊的事，几年前的某一
天，她特别兴奋地向我们展示了一件水上运动的器械——一个带有通

气管的面罩，尽管戴上之后她看起来就像个外星人，但在浮潜时却非常有用。

对于洛兰和雷吉娜而言，年华老去并不意味着就得突然终止所有的好习惯。恰恰相反！从 60 多岁到 70 多岁，即使对那些身体非常健康的人来说，维持正常体重也变得越来越困难。循环和新陈代谢开始减慢，体能和精力也开始减退，不想运动。但是，强迫自己经常动起来非常重要，哪怕是多重复几遍起立、坐下、取点东西这一类简单的动作。

这就是"自律"这一重要概念的由来，我的舅姥爷居伊和外祖母都做得很好，就像我之前在书中提到的那样。

雷吉娜：我最近回想起我母亲在她已经很老的时候经常对我念叨的话："到了我这把岁数，床就是女人最大的敌人！"因为年纪越大，你越不想动弹，越想赖在床上。你必须与之斗争！

所以我强迫自己每天必须走很长时间的路，进行一些户外体育运动。我们必须坚持良好的生活习惯，保持心理平衡，这是一种心理训练。随着年龄的增长，我们维持的好习惯越多，我们的生活就过得越开心。

我非常敬畏外祖母。例如，在某个阴沉潮湿的日子里，天气很糟糕，我可能只想待在温暖舒适的房间里，读上一本好书。而外祖母这时却依然会出门走动走动，我心里很清楚，这对她而言其实很不容易，但她仍然坚持这样做。我还很喜欢看她用智能手机记录她自己每天的运动量，再告诉我她今天走了 5 000 步。我自己有时候都走不了那么多！

最有助于促进循环的运动

随着年龄的增长，我们身体的血液循环会变得更加缓慢，这就是为什么保持规律的运动对心血管系统如此重要。心脏健康跳动不仅能让脸颊变得红润光泽，还有助于改善整体健康状况。如果你经常长时间坐在办公桌前，这一点就显得尤其重要。因为坐得越久，腿部的血液淤积就越多，因而也越容易出现静脉曲张等问题。所以，站起身运动起来吧！以下是卡罗琳·梅里尼亚克的建议。

每天至少步行 1～2 英里①，行走过程中保持轻快的步伐更佳。游泳或水中健身运动（在水中进行的运动，如踢水或骑自行车）特别有益，因为水压有助于促进静脉回流，并且水的浮力还可以减轻关节受到的压力。无论是在室外还是室内，骑自行车都是很棒的运动。在健身房：轻量级的健身项目有助于维持身体的肌肉。跑步／慢跑：当心！如果你想

---

① 1 英里 =1.609 344 公里

慢跑，一定要穿对鞋子——挑选一双减震功能强的运动鞋——尽量在较柔软的地面上跑步，坚硬的沥青或水泥路面对你的血管、双足和腿部都没好处。

如果你的血液循环有问题，请不要参加某些对抗性强、冲击力大、弹跳击打动作频繁的运动项目，例如英式橄榄球、足球、美式橄榄球、网球、拳击或短跑冲刺等。

支柱 4：你睡好了吗？

从童年时代开始一直到现在，睡觉前我总会尽可能将卧室光线调暗，这是许多年来我一直保持的习惯，卧室永远都有厚厚的窗帘或遮光窗帘，这是我自己能控制的事情。然而在大城市里居住，想要控制噪声却不那么容易——无论是来自公寓楼里的噪声（冬季供暖时暖气管道叮当作响），还是来自室外的噪声（无休止的车流声，或者马上要睡着时突然响起的警报声）。

尽管巴黎不算是一座很宁静的城市，但也不像纽约那般喧嚣。我很怀念自己小时候在巴黎住的那间公寓，那种到了夜里一片安静的感觉，也怀念在乡下那种真正的静谧无声。我怀念在炎热的夏夜开着窗户睡觉的日子（那时巴黎很少有装空调的公寓，因为不常用）。尽管周末的夜里偶尔会听到一些当地居民在咖啡馆里唱歌，或者是摩托车骤然响起一阵恼人的轰鸣。巴黎的夜，除了寂静，便是更深的寂静。

说到卧室环境，在我的成长过程中，真的没有什么特别的卧室装饰给孩子们。换作我的父母，如果他们看到墙纸上印满了迪士尼卡通人物，一定会感到惊讶。但是，我们的房间里有"Toile de Jouy"墙纸（具有法国古代乡村的田园风格），我小时候在法国布列塔尼的祖父母家看到过，它总是让我想起他们，让我感到在无声的岁月中自己也已经长大成人。"Toile de Jouy"的图案设计带有故事性，每次当我难以入眠时，我就会看着墙壁，感觉每次都能发现一些之前未曾留意到的小细节。这种感觉非常奇妙。

睡前放松

方式因人而异，但以下这些小窍门对我很管用。

- 💜 至少在睡前一小时关掉电子设备，这些电子设备的光线太刺激。一天下来，大脑需要放松休息！
- 💜 没有什么比读一本好书更能让你身心舒缓、轻松入睡的事了。
- 💜 我的床头总是放着一个记事本和一支铅笔，这样我就可以记下任何想到的事情，或者写在我的待办事项清单里。在便笺上写完的那一刻，它也就从我的脑海里消失了，不用再想它，这有助于精神松弛。

💙 睡觉时我总是开着加湿器，我想要尽可能滋润自己的皮肤和鼻腔。

💙 保持卧室干净整洁，尽量少堆放没用的东西。此外，我还会听从安娜·克里格医生给我的建议，以及遵循埃莱娜·韦伯教我的风水规则，可以在本章中读到。

安娜·克里格医生谈睡眠

安娜·克里格医生，医学博士，公共卫生硕士，美国胸内科学会会员，美国睡眠医学会会员，纽约长老会医院/威尔·康奈尔医疗中心睡眠医学中心主任医师，同时也是医学、神经学和遗传医学系的临床医学副教授。克里格医生主张采用全方位疗法以及个性化的治疗方案来治疗睡眠障碍。

关于睡眠的基本常识

据最新的医学研究报告显示，65岁及以上成年人的生理性睡眠需求实际上没有太大差别。最近，美国国家睡眠基金会在已经获得科学证实的研究结果基础上发布了一份关于睡眠时间建议的共识声明，再次强调了人的实际睡眠需求因人而异这一事实。按照该声明的说法，65岁以下的成年人每天的睡眠时间应该保持在 6 ～ 10 小时。对于 65 岁以上的成年人，建议的睡眠时间是每天 5 ～ 9 小时。

另一个重要的考虑因素是个体一生中可能经历的睡眠时间的变化。有些因素可以调节我们的睡眠需求，包括身体活动水平、整体健康状况以及潜在的医疗或精神问题等。

女性最常见的睡眠障碍是失眠。这在成年女性中相当普遍，比男性更为普遍，因为她们经常需要处理许多繁杂的事物，以至于到了晚上也无法停止担忧，这会阻碍她们入睡的能力。这些评估中还发现了某些情况下潜在的睡眠障碍，如不宁腿综合征（孕妇中尤其常见）、睡眠中的周期性肢体运动或睡眠呼吸暂停。尽管在男性中出现的频率更高，但一部分女性在绝经期以后也会出现睡眠呼吸暂停。因此，我们鼓励在绝经期后开始打鼾的女性及时寻求医生的帮助，研究讨论这一问题，并决定是否需要进行睡眠评估。在绝经期间和绝经前，激素变化对一些女性产生的影响会比其他女性更大，身体调节体温的能力也会发生巨大变化。这两者都可能导致睡眠障碍。

意识是理解和解决睡眠问题的关键。女性在生活中常常会有许多相互矛盾的需求，于是她们会开始窃取睡眠时间，要么用来处理各种生活琐事（通常是在孩子们睡着之后），要么用来思考、担心或者计划未来的几天甚至几周的事务安排。许多人认为这种情况不可避免，然而，当我们花时间去分析她们日常生活中的细枝末节时，通常会发现一些能帮助她们改善睡眠的契机，并防止某些可能影响睡眠质量的活动，例如将担忧的时间从睡前这段时间重新分配到白天。如果夜晚睡眠好，白天的效率也会更高，也更容易从白天的日程安排中抽出几分钟时间来处理某些可能会在睡前困扰我们并阻止我们入睡的事情。

改善睡眠质量的黄金法则（没有年龄区别）

💜 避免睡前进食，尤其是辛辣食物。

💜 不要在临近睡觉前进行锻炼。

💜 尽量减少在夜间饮酒，因为容易导致睡眠断断续续，还可能出现睡眠呼吸暂停。

💜 睡前在黑暗环境中放松几分钟。

💜 保持卧室温度在 71 华氏度 [①] 以下。

💜 保持作息规律，每天同一时间起床。

💜 白天保持活跃，避免打盹。

专为儿童和青少年制定一套就寝规则

💜 制定一个有条理的家庭入睡时间表，并以身作则。

① 1 华氏度 =5/9 摄氏度

💙 与孩子们开诚布公地探讨睡眠充足的必要性。

💙 避免过长的睡眠时间——睡眠时长合理，睡得香甜。

💙 请勿在床上使用电子产品，最好在睡前一小时停止使用。

💙 深夜做功课或者在电脑或其他电子设备上阅读时，佩戴防蓝光眼镜来阻挡蓝光，或者在屏幕上贴蓝光过滤膜。

💙 保持床的舒适感，不要在床上堆放各种杂物。

经历彻夜难眠之后回归健康睡眠

每个人都可能因为工作、压力或生病等原因难以入睡，如果出现这种情况：

💙 停止担心睡眠问题，因为越想就越难以入睡。

💙 制定一个入睡时间表并遵照执行。

💙 尽量避免打盹小睡。

💙 白天恢复锻炼，保持活跃。

埃莱娜·韦伯谈如何让卧室更有利于睡眠健康

花时间重新安排布置卧室

虽然重新规划卧室需要耗费大量时间和精力，但值得你为之付出，因为人一生中有三分之一的时间在卧室床上度过。为了让你在卧室里度过每一个美妙的夜晚，应该为它多付出一些心力。

论"阴阳"

阳（上升的能量：光源，太阳，天空，男人，热，山，生命，夏天）和阴（下降的能量：阴影，月亮，地球，女人，冷，水，死亡，冬天），二者始终对立。

确定卧室的最佳位置

💗 首先，一间理想的卧室应当尽可能远离大门入口。事实上，当你进入一间房屋，越往里走，室外及大门口的能量（阳）就越趋平静，而里面的房间就越阴。

💗 我们都知道卧室需要保持一种平静之感，因此它最好处于所有房间中最阴的位置。对于某些有多层楼的房屋，卧室应当选择楼上的房间。

💜 卧室需远离嘈杂的街道，阳太盛会给你的睡眠带来困扰。

💜 如果卧室里有大窗户，夜晚需关上百叶窗或拉上厚窗帘。夏季做好

遮光，以免卧室阳气过重。

确定床的最佳位置

睡觉时脚不要冲着门。这可能会导致很严重的能量停滞。如果

无法改变床的方位，可以在床尾的位置摆放一道屏风，用于阻挡这

种能量流动。

💜 睡觉时，床头后方不要开窗，否则你会失去安全感，可能会睡不好。

💜 在你的头后方需要有一堵坚实的墙，它能保证你睡个好觉。有趣的

是，床头靠墙带来的这种舒适与安全感很可能从史前时代就开始

了。背对洞口睡觉的原始人，很可能第一个就被夜里出没的野兽

叼走，也可能第一个就被敌方一箭射死。这种恐惧感于是被深深

植入人类最原始的大脑功能中，这就解释了为什么我们需要这样的

保护意识才能睡得安稳。为了增加这种安全感，可以考虑安装床

头板。

💜 为了使能量更好地循环，床的高度不要过于靠近地面（日式蒲团风

格）。可以通过在床垫下方安装框架来平衡家具的高度。

💜 所有浅色系的颜色：鲑鱼粉，淡粉色，象牙色，蓝绿色，淡青色和
淡黄色等都适合用于卧室。

卧室需要避免的误区

💜 将卧室里所有的镜子都拿走！镜子，或者其他任何具有反光效果的
东西（电视屏幕、电脑屏幕、漆面或表面闪亮的家具）都会使环境
变阳，会干扰你的休息。如果卧室窗帘很厚，遮光效果好，那么表
面闪亮的家具也无大碍，但镜子就免了吧。

💜 红色等艳丽的颜色不属于卧室，它们阳气太甚。

💜 床的上方不应有亮闪闪的架子或家具，容易引起头痛和失眠。

不要把卧室变成办公室、健身房或洗衣房

💜 卧室应该始终保持其唯一作用：睡觉。

💜 卧室中不要摆放运动器材。如果你要经常使用它们，最好把它们放
在浴室里。

💜 不要把卧室当成办公室，你或你的另一半都不要养成整天待在卧室
里工作的习惯。对于某些喜欢在床上工作的人，偶尔将文件带进卧

室里工作也无伤大雅，但是最好别忘了，你真正的办公室应该在家里的其他地方。

无论你的卧室房间是大还是小，请记住，当一天结束时，它是你大脑和身体的避风港。在纽约这样一座又大又吵的城市里，我必须掌控好自己的卧室环境——睡前一小时就把所有的电子设备，比如手机和笔记本电脑统统拿走；保持卧室光线黑暗；室内布置整洁简单，没有多余的装饰元素，避免分散注意力。（也避免了打扫除尘的麻烦！）我也有自己的一套助眠习惯：做几个伸展运动；在床头柜上放一罐味道很好闻的身体乳，这样我永远也不会忘记使用；一本好书能帮助我放松大脑。

花点时间培养自己的夜间助眠习惯，让它们帮助你安然进入梦乡。

第十章

香氛世界

"但是，当旧时岁月已不复存在，人们死去之后，万物毁灭之后，茕茕孑立，更脆弱但也更持久、更无形、更执着、更忠诚，嗅觉与味觉仍将久久延续，似灵魂、记忆、等待、希望，当其余所有悉数湮灭，仍一力承受不让寸步，在那触不可及的微滴之上，是记忆的宏大建筑。"

——马塞尔·普鲁斯特《去斯万家那边》

世上再没有任何东西比香水更能代表法国。香水，是每位女性最渴望与全世界分享的东西。它令人精神振奋、活力充沛、心神荡漾。一段幽幽暗香能在瞬间将你带回过去，勾起那些早已尘封的往事。正如马塞尔·普鲁斯特所言，香水是岁月最后的保留地，是它的精粹。纵使我们早已流干眼泪，它依然能让我们再度潸然泪下。

母亲表示，作为女人，香水是她生命中不可或缺的组成部分，它具有"永恒的力量与魅力"。事实上，法国女性也正是在这种观念的熏陶下长大成人的。母亲还将好的香水比作优雅迷人的小黑裙，或令人艳光四射的珠宝首饰。

洛兰： 香水是无影无形的，但你无法否定它的真实存在。它比一件华丽的衣裳或一个迷人的身影更能吸引人们的目光。它像直插心脏的利箭，任何坚不可摧的盔甲也无力抵挡。它像一段往事记忆，一头扎进人的灵魂最深处。

它是一种氛围，或者更确切地说，是一个人渴望穿戴在身上的风韵情调，不只为取悦自己，亦可魅惑众生。这就是香水。它能够承载一个人独特的性情，可以在你的心灵深处烙下往事故人的印记。最重要的是，香水能打开另一个人内心最敏感而隐秘的世界。

我的外祖母完全理解这个概念，这就是为什么自从我和姐姐开始使用香水以后，每年圣诞节她送给我们的圣诞礼物都是一瓶崭新的香水，她的这个习惯一直维持至今。之前我从未想过它到底有何与众不同，到如今我才意识到它的独一无二！香水是很昂贵的东西，在我还是花季少女，甚至已经出落成亭亭玉立的大姑娘时，想要买一瓶心仪的香水确实会花掉我不少钱。我非常感激外祖母，她始终坚信香味是女性优雅气质不可分割的组成部分。所以，她当然希望自己的外孙女们能在一觉醒来时身上总有一抹幽香。

如今我脑子里依然清楚记得陪伴我走过花季少女时代的那款香水的牌子，青春的芬芳至金至贵，而那些香调所勾起的美好回忆更是千金难得。收藏在记忆中那些人的名字仿佛在刹那间接二连三地冒了出来，每个名字都带我回到生命中的某个过往片段。例如，当母亲带着一瓶纪梵希的"花之精灵"回到家里，我打开轻轻闻了闻，尽管这是一款适合年轻女孩儿们用的香水，但我依然嗅到一丝顽皮与活泼的性感。如今每次闻到它的味道，我的眼前总能浮现出过去那个成天盼着快快长大的自己。合上双眼，仿佛又重新回到了 15 岁的时光，校园、上课、考试、闺蜜、男友、戏剧，当然，还有香水，都一股脑儿朝我迎面袭来……我想将现实的一切通通抛诸脑后，心中只剩下一个念头：永远不要长大。

20 世纪 90 年代中期的记忆始终与这些香水千丝万缕地缠绕在一起：葛蕾的"歌宝婷"那与众不同的椭圆形瓶身，顶部配以绿色花朵形状的漂亮瓶盖，它的野姜花味道恬淡清雅，很好喷；还有贝纳通的

"童真部落"，宛如地中海的微风拂面而来；卡夏尔的"安妮小姐"散发着浓郁的橙花香气与风信子味道，是我们那一代女孩子最喜爱的花香调香水之一。让-保罗·高缇耶的同名女香无比惊艳，瓶身造型是一个穿着该品牌标志性束身衣的女人身体，性感魅惑又狂野香艳！

适合夏季的香水有伊丽莎白雅顿的"太阳花"和乔治·阿玛尼的"寄情水"，它们带有清甜的柑橘香调。我的同学们喜欢喷一些味道很特别的香水，所以我常常能闻出她们在课间匆匆穿过教室走廊的身影。还有蒂埃里·穆勒著名的巧克力味道的"天使"、三宅一生的"一生之水"（能带给你海洋的气息），以及宝格丽的绿色经典淡香水"绿茶香"。

然后，当然是我在高中和大学时代喜欢过的那些男孩们身上的香水味道。如今大多我已记不太清，但卡地亚"宣言"沉郁的木质香调和麝香味，以及帕高"XS"宜人的辛香调令我印象深刻。

大学毕业后，我的鼻子就更有福了，因为我开始在美容化妆品公司上班，我的同事们对香水都无比痴迷，时常讨论她们在旅行中发掘的各种香水宝藏。"卡罗琳娜"是我用过的卡罗琳娜·海莱拉品牌的第一款香水，当时我效力于该品牌，特别喜欢它茉莉花与晚香玉的优雅味道。

后来我搬到巴黎，加入了克里斯汀·迪奥的大家庭。然而刚去公司不久我就犯了一个用香大忌——我仍然喷着香奈儿的"邂逅柔情"。

因为我喜欢它带给我心情振奋的感觉，所以每天早晨上班路上我都会喷一些。一天早上，我正在等电梯，这时迪奥香水全线产品营销总监走了过来，就站我旁边。他深深地吸了一口气，然后开口问道："你身上喷了香奈儿？邂逅柔情？"当下我突然意识到自己喷了竞争对手家的产品，羞得满脸通红，恨不得立马找个地洞钻下去。

我无比尴尬地道了歉，解释说是因为早上要开会，匆忙离家出门没考虑到这一层。后来我再也没犯过这种低级错误！

此后，我转投迪奥男香"桀骜"的怀抱，这款香水带有一股诱人的花木与香粉味道，用在我身上的效果奇佳。我之所以如此沉迷于迪奥"桀骜"这样一款男香，也是因为在如今这个年龄，我已经放松了对所谓"女人味"或"女性魅力"的一味苛求，但又不大想用母亲爱用的那些香水。每次喷上"桀骜"，我都觉得自己无比性感自信，我知道它不同寻常的魅力能让我脱颖而出，这是一种非常法国式的微妙。如今我对花木香调的香水兴致更浓，尤其喜欢雅芮"Tuberose Le Jour"那馥郁的晚香玉味道。

雷吉娜： 当年在法国版 *Vogue* 杂志工作的时候，我们总爱用香水味来分辨办公室里的女同事。那时候的香水里含有很多麝香。麝香价格昂贵，却能令香水味道更加持久。早上，无论走楼梯还是坐电梯，鼻子轻轻一闻，就知道谁已经到办公室了。我们的主编埃德蒙多·查理-鲁来自法国一个显赫的家族，她天生优雅，教养极好，最喜欢用香奈儿；时尚编辑弗朗索瓦·德·朗格拉德堪称迷人的化身，具有极高的专业素质，待人平易随和，她最喜欢娇兰的"蓝调时光"；时任杂志社驻美记者的苏珊·特雷恩身材高挑、苗条、穿着打扮极其时髦，她总是一身巴黎世家"乐迪克斯"香水的味道。

洛兰：如果不喷香水，我会觉得自己就像没穿衣服一样。每年我总会有一两次忘喷香水，那时我就会感到很不自在。我的包里总是备着小小的一瓶，如果某个地方的气味令我感到不适，我便会掏出香水喷一点，感觉便好些。我甚至还会往车里也喷上一些，因为我们在巴黎开车的时间比在纽约多得多，车就像另一个四处游荡的家。

我在巴黎的公寓里有一个很特别的壁橱，我的女儿们特别喜欢它。壁橱里面黑乎乎的但是阴凉避光，我把自己特别喜欢的还没用完的香水存放在那里，其中大多数香水如今都已经停产了。有时我会打开壁橱，只是为了闻一闻它们，那种感觉很美妙。我保留着巴尔曼的"绿色草园"，它看上去就像某种绿色的滋补品，香气清新自然，会让你即刻产生一种冲动，要站起身来抬头挺胸、充满自信地走向全世界。我还收藏着华伦天奴的同名淡香、鲁宾的"杜松子酒"，以及让-保罗·娇兰本人亲自送给我的一些"轻舞"。

多年前，我采访过高级定制时装品牌浪凡的玛丽·浪凡。我还记得当我跨进她的公寓，最令我印象深刻的就是房间里美妙的味道瞬间将我征服。她的家里点着熏香，对她和大多数法国女性来说，熏香与精美的室内装潢一样，都是艺术生活的重要组成部分。

在我刚入行时，法国香水就已经占据了市场主导地位，直到20世纪70年代。稍加留心你便会发现，许多法国经典香水的气味会随着不同女性皮肤上独特的化学物质而产生某种微妙的变化，就像同一首曲子的美妙变调。

后来，美国人成功地在市场上推出了露华浓"查理"香水系列，这些香水主要由单一香调组成，同一款香水在不同人身上散发出的味道差别并不大。到了20世纪70年代末，比华利山的香水在市场上激起了巨大的水花，它的味道难以置信地馥郁浓烈，独特而稳定，以至于即便隔着餐厅拥挤的人流，你也能闻到它的味道，并能准确无误地叫出它的名字。自此以后，美国的香水产业开始对欧洲市场产生了巨大的冲击和影响。法国人不得不承认，他们已经逐渐失去了曾经由自己一手把持的香水王国霸主地位。结果是迪奥推出了同样以香味浓烈而独特著称的"毒药"香水，伊夫·圣罗兰也紧随其后推出了味道更大胆前卫的"鸦片"。

时光荏苒，这些香水今天依然深受广大女性的青睐，而我却始终情有独钟地坚守着对"华伦天奴""绿色草园"以及我最爱的娇兰香水的忠诚。

穿越时空的永恒力量与魅力

香水的意义远远不止于让自己闻起来香喷喷。对法国人来说，香水最开始是一种非常必要的日常生活附属品，主要用于抵御其他人身上散发出的难闻体味。在法国历史上，巴黎曾在绝大多数时间里与欧洲其他大城市一样臭气熏天、令人掩鼻——到处是未经处理的污水、马粪、四处弥散的烟雾，当然，还有长期不洗澡的平民身上散发出来的体臭。当时只有上流社会和王公贵族才能买得起特别定制的香水，这种香水不仅能给他们的身体、服装、饰品（甚至假发）、家具和墙壁带来香味，还因此催生了一个新兴的行业。

幸运的是，今时今日各种香水唾手可得。我外祖母喜欢喷迪奥的"花漾甜心"；我母亲喜欢"华伦天奴"，前调是香甜的蜜瓜味道。我姐姐也有自己的招牌香水——她从 16 岁起就一直用姬龙雪的"斐济"香水。就连我弟弟也爱喷香水。说一件让我感到特别开心但同时又有些郁闷的事。自从他来纽约看望我，他身上的香味就在我们的公寓里萦绕了好几天。即使在他离开以后，我还能不时闻到家里有他的香水味，让我产生一种他还在家里的错觉。

香水的 3 个层次：

💜 **前调：香水喷出来之后马上就能闻到的香味，之后很快会散去。由**

于前调只是昙花一现，因此永远不要只根据前调的味道来选购香水，它并不能代表一款香水真正的味道。

💜 中调：这一层味道通常会持续几分钟，是为了帮你完全打开嗅觉，做好准备迎接香水的核心——基调。

💜 基调：这是一瓶香水最浓烈也最持久的灵魂所在。假如你喜欢花香味，那就挑选一款花香基调的香水，而不要选择绿叶或木质调。因为这才是你身上最终散发出来的味道。

鉴于市场上有成千上万种香水可供选择，要如何才能觅得独属于自己的那一款招牌式香味呢？首先，从以下香调类别中挑选一种你特别喜欢的气味：

💜 花香调——基于不同的花卉种类，或单一或混合，通常味道香甜。这是迄今为止最受欢迎的一种香调类别，也是西方女性香水的核心。

💜 柑果香——清新淡雅，但又不过分甜腻。

💜 东方调／琥珀调——泥土与麝香气息，温暖而性感。

💜 果香调——混合果香，香味活泼。

💜 甘苔调——花果香调。

💜 柑橘调——浓郁的柑橘、青柠和柠檬香调。

💜 木质调——优雅干爽之气，充满雄性味道。

💜 馥奇香调——柑橘辛香调，气味芳香，富有雄性阳刚气息。

当然，也不必始终坚持使用一个香调类别，只要能带给你愉悦的、振奋的感官体验的香调都可以尝试。

两位法国香水大师的香水挑选之道

为了帮助所有爱香女性挑选到最适合自己的香水，我专门拜访了香奈儿品牌的调香大师雅克·波尔热。香奈儿旗下几款著名香水，诸如"可可小姐""邂逅柔情"以及"倾城之魅"等，都是他的扛鼎力作。雅克·波尔热退休之后，他的儿子奥利维尔·波尔热子承父业，成为香奈儿新一代调香师，新款香水"嘉伯丽尔"便是他的惊艳作品。(十年一遇的盛事！)

我们最初学习调制香水时，会根据香调分类列表——熟悉并记住各种香味，比如花香调、木质调（诸如"蔚蓝"等大多数男士香水）、甘苔调（科蒂品牌旗下的 Le Chypre，娇兰著名的"蝴蝶夫人"）、绿叶调（花香调下的一个子类，例如巴尔曼旗下的"绿色草园"）、东方调（科蒂的"祖母绿"，以及娇兰著名的"一千零一夜"）。

关于香水挑选，我的建议是：如果你不知道作何选择，那就从那些经历了几十年风风雨雨依然屹立不倒的香水品牌入手。它们都是由世间最灵敏的"鼻子"创造的，这些嗅觉艺术大师拥有创造和评估各种香味组合的非凡天赋。当你外出购物的时候，不要只在香水店或百货公司的香水柜台试闻，最好取一些样品回家试用。为了更准确地评估一种香氛味道是否适合自己，你需要经历一个"嗅觉沉默"期。

最后，记住一点，只有当你把一款香水喷到自己身上的时候，你才能真正闻到这款香水的精髓，从而再感染周围的人。所以，挑选一款令自己心情愉悦、神清气爽的香水非常重要。

如果你去巴黎，在巴舒蒙特街有一家很棒的香水店值得一逛，店名叫"Nose"。他们的经营理念是帮助香水爱好者们去发掘独属于自己的标志性气味。店里训练有素的"鼻子"会带领你领略一段气味探寻的芬芳之旅。

Nose 的联合创始人尼古拉斯·克卢捷可称得上是入门级香水爱好者与用香老手的良师益友。以下是我在他身上学到的。

很多女性通常认为她们知道自己喜欢或不喜欢什么味道。前来"诊断"的女性如果发现某一款香水中含有广藿香，她们便会拒绝道："哦，不要！我不喜欢广藿香的味道！"然而事实上她们并不知道自己最喜欢的那款香水就是以广藿香成分为主。很多时候，人们往往并不知道自己真正喜欢什么，或者错误地以为自己喜欢什么。香水信息来源往往多而复杂，需要一个层层抽丝剥茧的判定过程。"诊断"是挖掘你内心真实喜好的第一步。

我们今天面对着比过去更多的选择，因此在选择一款新香水的过程中，首先需要确定哪一个香调最接近你的喜好。通常情况下，15 ～ 25 岁之间的女性更喜爱花／果香调；25 ～ 45 岁之间的女性则偏向于麝香等动物气味范畴，这一类香味的调子更浓重；而 45 岁以后的女性往往倾向于重拾年轻时代喜欢的花香调。（我发现女性的化妆习惯也与之类似，随着年龄的增长，妆容反而越趋素淡。）

在选购香水之前，不妨先试着掌握一些关于香水的基本知识。当你把香水喷在试纸或手腕上，首先闻到的味道是前调，以绿叶调和辛香调为主。两三分钟之后，便是中调，以花香调为主。5 分钟、10 分钟，甚至 15 分钟后，你闻到的就是这款香水的基调。每一种气味都是化学反应，分子的大小至关重要。基调的气味需要更长的时间才能完全挥发，因为它们分子更大也更重。这就是为什么一款香水基调通常需要酝酿 15 分钟左右才能完全释放。

你需要花时间好好闻一闻。我通常会鼓励他们多闻闻不同的香味——将喷上香水的试纸带回家，放在桌子上，给它一些时间让香味彻底释放。伟大的调香师通常都会混合调制前调、中调、基调，使其具有独特的标志性气味。你需要让它静置一段时间，第二天再闻闻。很多时候我们闻到一种香水味，会自然而然地产生反应，知道它是不是自己想要的。保持开放的心态面对芸芸众香，或许你会带给自己更多惊喜。

结束与尼古拉斯的交谈后，我离开了他的店四处闲逛，中途我会不时抬起手腕来闻一闻，因为味道真的很香。之后我碰到了母亲和外祖母，我们仨便饶有兴致地聊起她们过去最喜欢的那些香水，以及我们还没来得及尝试的某些味道——这个话题我们聊上三天三夜都不会厌倦。

Epilogue

后

记

是什么激励我们做这一切？是为了赢得周遭艳羡的目光，是为了令某位心仪的男士刮目相看，还是仅仅为了自己？

不可否认，我们都渴望获得他人投来的赞许眼神，但我们更在意美带给自己的内心感受。

法国女人是幸运的。因为她们时常能感受到身边的男士们对自己的欣赏。法国男人爱女人，法国男人也爱看女人，但不是以一种居高临下的姿态或大男子主义的眼光，而是深情款款的仰慕与坦坦荡荡的欣赏。法国女人为了美所付出的努力也并不仅仅为了自己，在内心深处她们得承认，当得知某位男士留意过自己诱人的香水味、迷人的口红、优雅的裙摆或者时髦的高跟鞋，她们内心会感到极大的快乐与满足。男性朋友对女性直抒胸臆的恭维非但没有不合时宜之感，还会增强她们的自信。

我们得明白，男人往往会喜欢上那些被我们视为自身软肋或弱点的东西，而我们努力追求的所谓的"超完美"反而可能将他们吓跑。男人欣赏女人的方式和女人看待自己的方式大相径庭；而女人之间的相互审视与彼此打量，比男人看女人的眼光更加凌厉百倍。

看看巴黎欧莱雅全球总裁西里尔·查普这段关于女性的描述，你便能领悟到法国男人对女人这种态度的精髓："没了你，我的世界荒芜一片。你的慰藉自始至终都与我形影相随，你在我眼前展现的每一面如今依然是我每日的灵感源泉——自信、征服、犹豫、魅惑、敏感、聪慧、慷慨。倘若失去你的光彩、柔弱与美丽，人生该有多么沉闷乏味。你的美，早已化作我生命的激情。"

我相信，小小的不完美也可以很迷人，而那些企图颠覆自己本真面貌的机关算尽很可能最终付之一炬。因为你内心深处有个声音会不时提醒你，那并不是真实的你。自信的女人身上散发出的温柔气质与迷人魅力最是美丽。

法国女性敢于展现真实的自我，她们从不扮演别人。她们不惧流露率真性情。她们善用上天赋予自己的一切，特立独行与众不同是她们的财富。随着年龄的增长，她们的美历久弥新，光彩熠熠。是为自己，也是为别人。平衡之美，即是人生的快乐源泉。我们都应善待自己。

正如母亲对我的谆谆教诲："作为法国女性，或许我们能更加坦然地接受年华老去。优雅而睿智地变老，意味着接受自己的弱点轻装前行。与时俱进，在滚滚流逝的岁月长河中，为年轻一代树立一种积极正面的形象。这是一种自律的美。

"站在这个角度重新审视美，美不再肤浅，而是被赋予了崭新的意义，美是人生不可或缺的。"

最后，我们希望这本书能帮助每一位女性读者得到自我提升，无论内在美、外在美。希望你们在日常生活中每天都能取得哪怕一丝一毫进步，美在当下，美在每一天。

——雷吉娜、洛兰、克莱姆斯

Appendix

附

录

书中涉及的护肤品牌网购地址

amazon.com

thedetoxmarket.com

dermstore.com

neimanmarcus.com

bigelowchemists.com

credobeauty.com

net‑a‑porter.com

shen‑beauty.com

capbeauty.com

sephora.com

bergdorfgoodman.com

beautyhabit.com

书中涉及的法国护肤品牌官方网站

aveneusa.com

laroche - posay.us

lorealparisusa.com

joelle - ciocco.com

ingridmillet.com

leonorgreyl - usa.com

christophe - robin.com

david - mallett.com

kurebazaar.com

bastiengonzalez.com

carita.com

Acknowledgments

致

谢

应该说，这才是本书最精彩的部分，在这里我要感谢我身边的每一位！

感谢家中所有我深爱的女人们。

特别感谢我的姐姐拉斐尔，有你才有这本书！

感谢我的外祖母与母亲，她们一直激励着我。当然，也要感谢我的女儿激励我写这本书——在过去 80 年中，家族三代女性累积了珍贵的美容经验，如今终于有人继承衣钵。

感谢我的丈夫——威廉，谢谢你一直以来的支持和鼓励。

感谢我的父亲和弟弟源源不断地带给我灵感。

感谢我的经纪人柯尔斯滕·纽豪斯，我从来没有想过自己有一天能写书，是你给予我这个宝贵的机会。

感谢我的出版商和她在圣马丁出版社的团队。

感谢我的写作搭档卡伦·莫林。

感谢我的好朋友贝亚特丽斯将自己的办公室无私地分享给我使用，还要感谢来自巴黎、伦敦、日内瓦、纽约、迈阿密和旧金山的密友们给予我的创作灵感。

感谢参与本书的翻译和文案编辑！谢谢你，弗朗索瓦·哈特曼，为本书和我的线上杂志提供的各种宝贵资源。感谢帕洛玛·帕克斯在考试期间给我的支持。

感谢来自 Word Geek Translation 翻译服务公司的丹尼尔·沃瑟曼为本书中一些关键段落进行翻译和编辑。感谢丽莎·杜邦也加入编辑团队。你们真的让我看到了希望之光！

感谢我的其他家庭成员为这本书的无私奉献，无论是书名的拟定还是新书发布会策划，泰德和迪尼自始至终都在不厌其烦地征求各方专家的意见。雅尼克和克洛伊，感谢你们敞开家门，为本书的封面照片拍摄提供场地。

对于这张三代同堂的封面照片，我要感谢摄影师帕梅拉·贝尔科维奇以及美发造型师让-吕克·卡蓬，还有为我做妆发设计的朱利安·沙利耶。感谢来自凯伊黛美容沙龙的克里丝汀和巴斯蒂安为母亲洛兰以及外祖母雷吉娜打造妆发造型。

此外，还要感谢所有专家慷慨无私地奉献出自己的宝贵时间，为这本书最终得以出版做出了巨大贡献，是你们让这本书成为一座关于女性美容保养的巨大宝藏：雅克·波尔热、特里·德·根茨堡、塞尔日·奥捷医生、医学博士乔治·穆顿医生、尼古拉斯·克卢捷、艾米丽·德·波旁·帕尔玛、妮可·德诺埃，伊莎贝尔·贝利、若埃勒·乔科、来自凯伊黛美容沙龙的克里斯汀、米里埃尔·博朗、伊丽莎白·布哈达纳（特别感谢）、奥迪勒·莫亨、多米尼克·穆瓦亚尔、布鲁诺·伯纳德、大卫·马莱、克里斯托夫·罗班、贝亚特丽斯·罗谢尔、西尔维·法拉利、科莱特·潘戈、克里斯托夫·马尔谢索、克莱尔·博塞、贝亚特丽斯·阿拉波格鲁、哈格普·阿拉贾坚医生、DC、马蒂娜·德·里奇维尔、奥利维尔·埃考德迈森、菲利普·阿卢什、安娜·C.克里格医生、菲利普·西莫南、德尔菲娜·普吕多姆、卡罗琳·梅里尼亚克、巴斯蒂安·冈萨雷、法蒂玛·泽格拉尼、埃莱娜·韦伯、雅漾团队、芭芭拉·吉德医生、普里斯卡·古登-娇韵诗、让·皮埃尔·蒂东医生、弗里德里克·菲凯、达妮埃拉·贝卡里亚·布莱梅、玛丽-弗朗索瓦·斯图尔、卡特琳·布雷蒙-魏尔博士、索菲·拉格兰尼、卡梅尔·奥尼尔，还有法国法语联盟的玛丽-莫尼克·斯特克尔与她的团队，感谢他们一直以来对我的支持。

感谢艾文·佩恩基金会、盖·伯丁家族、让-丹尼尔·洛里厄、雅诗兰黛集团、古登-娇韵诗家族以及克里斯汀·迪奥的宣传团队为我们提供了雷吉娜、洛兰和伊莎贝尔·阿佳妮的珍贵照片，以及普鲁恩·西雷利的插图设计。

当然，还要感谢所有我在纽约拜访过的美容专家和机构：舒·卢梭、来自萨利赫美容沙龙的萨利赫、来自朱利安·法雷尔美容沙龙的团队、来自 Renew Anti-Aging Center 水疗中心的卡梅尔·奥尼尔、萨布丽娜、伊莎贝尔·贝利、来自 Erika Bloom 工作室的团队、凯瑟琳·格雷纳、来自欧缇丽葡萄疗养的达芬妮，以及艾达·比卡伊。

Bibliography

Bailly, Sylvie. *Des siècles de beauté—Entre séduction et politique*. Paris : Editions Jourdan, 2014.

Bona, Dominique. *Colette et les siennes*. Paris : Éditions Grasset, 2017.

Bonilla, Laure-Emmanuelle. *100 ans de coiffure*. France : Éditions Prat, 2009.

Chahine Nathalie, Catherine Jazdzewski, Marie-Pierre Lannelongue, Françoise Mohrt, Fabienne Rousso, and Francine Vormese. *Beauté du siècle*. Paris : Éditions Assouline, 2000.

Fitoussi, Michèle. *Helena Rubinstein : La femme qui inventa la beauté*. Paris : Éditions Grasset, 2010.